大是文化

# 對管理發起挑戰

傳統管理無能為力，

日本管理教父幫助一萬多家企業扭虧為盈的震撼教育。

マネジメントへの挑戦

復刻版

企業管理之神、日本彼得・杜拉克之稱

一倉定——著

黃雅慧——譯

# CONTENTS

## 第2章 企業的成敗，90%由經營者決定

CONTENTS

第3章

## 猶豫不決，比錯誤的決策更糟糕



第4章

## 績效的最大破口，多半出自管理層

## 第 5 章 帶人的功夫，管理課本不會寫

# CONTENTS

## 第 7 章

CONTENTS

推薦序一

# 精煉一萬家企業指導經驗，跨越時空的管理思辨課

《經理人月刊》總編輯／齊立文

我必須坦承，接獲《對管理發起挑戰》的推薦序邀約之前，我根本沒聽過作者一倉定的大名，自然也不曾讀過他的相關著作。

試著在Google輸入「一倉定」的名字，搜尋結果裡也幾乎沒有他的中文相關著作。

我只是抱持著很單純的動機來閱讀本書：經典重出，必然有其道理。

一則表示出版社判斷書中的觀念和做法，經得起時間的考驗，即使環境背景已然不同，讀者依然能夠有所體會和啟發。

另一個原因則是，一倉定有「日本彼得．杜拉克」、「老董教主」之稱，也讓我興起了好奇心，想了解這位一倉大師究竟提出了哪些獨特觀點。

## 解方早已提出，為何問題依舊？

一倉定在一九九九年過世，享壽八十歲，他一生的終與始，都在二十世紀。在進入二十一世紀的第三個十年，閱讀這本一九六五年出版的著作，理論上應該會讀到更多以前的舊觀念。然而，細細咀嚼書中的文字，仍然可以跨越時空的感受到這還是「現在的管理課題」，或者在心中同作者的觀點對談或辯論。

舉例來說，一倉定在討論計畫制定與執行時，以電車來比喻：電車必須照時刻表行駛，不能突然加速或放慢，就算提早到站，也要稍停片刻，以便準時發車。更由此論及，超前部署有時也是錯誤的做法。

套用在業績上，如果業務說，我下個月很忙，這個月能先做多少，就做多少。你覺得這樣的超前部署如何？

一倉定的答案是：「這種想法看似合理，其實大錯特錯。」正確的做法應該是增加這個月的計畫。

在我原本的觀念裡，趁這個月有點空，先趕下個月的業績，直覺沒什麼問題。但是看到一倉定的答案以後，我對於計畫與目標的訂定，有了更深刻的反思：為什麼這個月會有餘裕預做下個月的業績？會不會是這個月的業績偏低，而下個月的計畫偏高了？

再進一步延伸思考，一倉定之所以對計畫如此嚴苛，甚至到了認為品質管理並非提高品質，而是生產出符合計畫品質的程度，其實是想強調審慎許承諾、精準定目標的觀念。因為如果工作者凡事力求說到做到，就會對自己的一言一行負起完全責任，不會在訂定了目標之後，還認為只要盡力就好。

儘管時局多變，畫靶射箭的目標管法有時會遭到不知變通之譏，但是如何與射擊、再瞄準的敏捷管理思維相互制衡，仍然值得管理者和工作者深思。

再舉個例子，如果讀到「有能力的高階主管不是體貼部屬」這句話，心裡多少也會遲疑一下，體貼部屬是應該的吧？

就是在這種見仁見智或習焉不察的情境下，一倉定反而會給出發人深省的解答：主管對於部屬真正的照顧是：「清楚上級的意圖、其他部門需要哪些配合。如此一來，才能反向思考該給部屬安排什麼樣的工作目標。只有這樣的主管，才是設身處地為部屬考量、愛護部屬的好主管。」

一個主管，能夠縱向做到「體察高層的上意」，橫向「做好部門溝通」，給部屬正確的指示，不讓部屬做白工，我認為是更深層次的體貼部屬。

我想，正是這超過一萬家企業的指導經驗，使得一倉定的管理建言，滿滿都是實戰經驗與實務對策，從領導帶人、成本思維、財務觀念、決策制定到組織架構等議題，不但都有具體實例，更有圖表和數據可供參照。

管理沒有標準答案，而是不斷在實務工作中、在層出不窮的挑戰中，打磨出屬於自己的風格和技巧。

穿越時空、跨越國境，迎接這位日本管理教父提出的管理挑戰吧！

推薦序二

# 領先五十多年的管理學，一倉定

知名企管培訓師、顧問／**趙胤丞**

從事培訓工作近十年，我跟客戶主管們對話，經常會遇到以下情況：管理人事是件苦差事、不同世代難以溝通、專案進度嚴重落後、計畫改不上變化等，而這些都是管理現場無可避免會面臨到的議題。

《對管理發起挑戰》這本書很特別，是一倉定五十幾年前的著作，近期復刻出版，不免讓我好奇這本經典著作究竟有何魔力。結果，在閱讀的過程中，不僅經常讓我有相見恨晚之感，內容字句更是給我當頭棒喝，也為一倉定的智慧折服。

在此，我想用三個管理關鍵字，來輔助說明這本書。

第一個關鍵字：當責。當責近年風靡世界，管理者難以掌握所有變數，卻仍必須有全盤接受、承擔結果的覺悟。簡單說，就是身為領導者，要承擔一切成果。《對管理發起挑戰》這本書，便對強調權責劃分的傳統理論提出質疑，因權責就像棒球守備，一顆球正好落在中間，怎麼規定誰接球？一直檢討、糾結於釐清責任歸屬，並無法完成任務，這是管理者的責任。令人敬佩的是，**早在五十幾年前，一倉定就已經提醒經營者要有當責、「多做一盎司」**（One more ounce；指職責外再多做一點）**的前衛概念**。

第二個關鍵字：領導力的修練。領先指標（Leading indicator，提前反映景氣的經濟指標）具有預測作用與可被影響性，不論訴求任何策略，所有進展都將由落後指標與領先指標來衡量，提早知道才有補救可能。

這就如同一倉定在書中所言，一旦錯失先機，所有的努力都將付諸流水，唯有好好把握住領先指標，甚至要有「上游思維」，才能防患於未然。一倉定還提出，「過時的數據，就像冷掉的菜」，徹底突破經營者深陷資訊泥淖的盲點。

第三個關鍵字：溝通的方法。溝通的目的不是使用漂亮話術，而是建立信任關係。一倉定認為，要達成目標，必須先計畫（事先決定內容）、後執行，再依計畫貫徹到底，而且重點在於，要建立好良善溝通與信任關係；還有，員工可以對方案提出批評、建議，但整體決議依然是大家要信奉遵守，這是兩件事。

《對管理發起挑戰》一書中，有許多智慧值得仔細思量，希望正在翻閱此書的各位讀者有所收穫，進而成為更好的管理者，誠摯推薦！

# 前言
# 他是日本的彼得．杜拉克，連柳井正也信服

《日經Top Leader》編輯部

對於年輕一輩的人來說，一倉定的知名度或許並不高，但在過去，他可是日本企管顧問界的神，就連日本國民品牌優衣庫（UNIQLO）創辦人柳井正，其書架上也有好幾本他的著作。事實上，不論是直接與一倉定有過往來，還是透過書籍汲取知識的經營者，真的是不計其數。

一九九九年，一倉定以八十歲的高齡離世。這三十五年來，他走遍日本各個角落，諮詢超過一萬多家公司。不論對方的來頭有多大，他都維持一貫的嚴厲作風，

因而素有「老董教主」、「日本彼得．杜拉克」之稱。

話說回來，一倉定到底有何魅力，能讓眾多經營者爭相拜於門下呢？

據聞，凡是被他指導過的經營者都說：「一倉定教的社長哲學，真的讓人有如醍醐灌頂！」

而這本書就是日本技報堂為了追溯一倉定早期的職涯，於一九六五年所發行的作品，迄今已有五十六年的歷史。然而，即便過了大半個世紀，現在讀來仍然震撼人心。相信各位讀者細讀下去，便能體會其中奧妙。

而本書之所以命名為《對管理發起挑戰》，也是用來象徵一倉定對傳統經營亂象，所下的戰帖。

他之所以如此氣憤，是因為當時的企業習慣紙上談兵，而且不通情理。基於對企管顧問的使命，他決定一一戳破那些中看不重用的管理學。同時，**從現實面探討何謂營運計畫、組織管理、財務管理或員工培訓等，與企管真正相關的議題**。

遺憾的是，一倉定的挑戰至今依然是進行式。現在仍有不少公司因為管理不善，而飽受大環境不景氣的波及。尤其在新冠肺炎疫情的衝擊下，甚至面臨倒閉危機。我們之所以選擇於此時，重新出版這本經典之作，便是有感於隨著新常態（New Normal，描述新冠肺炎疫情爆發期間和之後，人們的生活方式）世界的到來，我們更應該追本溯源，重新省思經營管理，以找尋未來的曙光。

「董事長的職務為何」、「何謂經營管理」一直是一倉定的核心理念。透過本書的經典重現，希望除了能讓大眾重溫經典以外，還能將這套管理知識傳承下去，共同開創出新局面。相信透過本書的知往鑒今、經典重現，必定有助於我們探討現今社會，甚至企業營運的真正涵義。

書中亦收錄子女對一倉定的懷念。總以雷厲風行手段讓公司起死回生的一倉定，雖然素有「鬼倉」之稱，但透過他與家人的互動，同時也讓我們有幸一窺其不為人知的敦厚性情。而這也正是讓眾多經營者爭相拜於門下、這些公司由虧轉盈的關鍵所在。

# 與杜拉克同時代的日本企管之神

杜拉克協會監事／佐藤等

「時光飛逝，自踏入企管顧問界以來，一晃眼也十年了。這段期間，我有幸結識眾多社長，並且從他們身上學習到如何經營一家公司。」

——《一倉定的社長哲學》第一卷

一九七五年發行的《一倉定的社長哲學》（日本經營合理化協會，簡稱JMCA），向來被譽為一倉定的經典之作。其中，不僅收錄了他結識許多企業家的過程，更有一套豐富且具系統的現場實務經驗，就此奠定他在日本企管界的地位。

而我之所以印象如此深刻，是因為不少熟識的企業家都表示：「其實，一倉定的論點，跟彼得．杜拉克（Peter Drucker）是如出一轍！」

雖然由於世代不同，我無緣跟在一倉大師的身邊學習，但這句話卻讓我印象非常深刻——為什麼這些人會異口同聲的將兩者相提並論呢？

直到看完這本書，總算解開我多年以來的疑惑。

因為，這本書除了收錄一倉定的管理理論，同時也引用了杜拉克的相關著作及名言，而這些正是一倉定的社長哲學之精髓所在。其中，以引用經典大作《彼得．杜拉克的管理聖經》（*The Practice of Management*，一九五四年出版）最多。由此不難想像在二次戰後，一倉大師是多麼心急如焚的，將貨真價實的企管概念引進日本，以便協助中小企業脫胎換骨。

之後，他在日本各地的第一線奔走。在寫完社長哲學系列的同時，也已將杜拉克的實務性企管知識，與自己的經營理念合而為一。

「這是一本挑戰傳統、充滿叛逆思想的書，是我為了尋求真理，即便身處現實泥淖、披荊斬棘，也要對傳統管理理論發出的沉痛抗議。」、「書中闡述的主張或見解，都是我個人的實務經驗，而非憑空揑造。衷心期盼我的棉薄之力，有助於管理學破繭重生，創下革新的里程碑。」——從代序中的這段感言，就不難看出一倉定破釜沉舟的決心。

這次的經典重現，除了提供社長哲學的支持者溫故知新以外，更期待作為後起之秀的參考。相信透過本書，讀者必能體會一倉大師所追求的企管理念。

※本書為一九六五年十月十日發行的舊作，書中的一切企業名稱或營業額等皆沿用當時的說法。日幣幣值則因通貨膨脹的影響，舊幣兌換新幣約為一比四。亦即，當時的一日圓約等於現在的四日圓。此外，部分內文增加注解，以利讀者參考；無法變更之處，則視情況變更標示。

# 代序
# 管理的挑戰——給經營者的震撼教育

一倉健二（次男）

父親與我之間，
許許多多的過往，不該忘……
許許多多的過往，忘不了……
許許多多的過往，讓人想遺忘……

本書的重新出版，讓我再次找回這些過往。

記憶中的父親，總是在想事情。即使住在同一個屋簷下，也像是活在兩個不同的世界。

他的周遭總有一股緊張的氛圍，讓人不敢跟他說話。有時候，他就像關在籠子裡的黑熊，在房間裡走來走去，喃喃自語……。他在外面大概也是這副模樣。因為他滿腦子想的都是客戶的事情，例如老闆的性格、由虧轉盈的對策或者合適的指導方法等，有時手上還同時處理五、六家瀕臨破產的公司。

只要經手的公司出現赤字，他就坐立難安。即使分身乏術，也會抽空幫忙，更別說休假了。父親總是沒有休假，因為他把時間都花在客戶身上。

父親一生指導過的公司不計其數。有人說上看五千多家，也有人以為言過其實。身為人子的我為了幫父親正名，便著手調查了一下，粗估下來至少一萬家。今後如果提及家父對業界的影響，煩請註明經手企業多達一萬家。

有些公司因為手頭拮据，說好賺錢以後再支付諮詢費，後來卻只有請父親吃頓飯。而父親也不以為意，總說助人為快樂之本。

如此豁達的父親面對工作可是無比嚴厲。哪家公司的老董只要不小心犯錯，或者做法稍有不妥，父親劈頭就是一頓痛罵，而且罵得還很難聽。有時候則是一句話也不說，來場無聲的震撼教育。一旦這些經營者改變了態度與思維，公司由虧轉盈以後，他也就淡淡的拋下一句：「沒問題了，記得保持這個狀態。」然後趕著指導下一家公司。

N公司的董事長回述：「一倉老師頭一次來我這裡的時候，就像一頭熊關在籠子（董事長辦公室）裡，莫名其妙的走來走去。他一句話也不說，不是踢踢桌腳，就是拍拍桌子，甚至拿起粉筆往黑板敲，弄得我不知道如何是好。不過，女同事進來添加茶水的時候，他也不忘笑咪咪的說一聲：『勞煩了。』然後緊閉雙脣，陷入沉默。」

（這家N公司管理得井井有條，也是業界數一數二的楷模。父親的沉默指導之所以奏效，來自於雙方的默契，有時不由得讓人肅然起敬。）

父親喜歡用「鬼倉」自我調侃。前橋市菩提寺的墓碑上，母親還特地拜託石碑店老闆加上一行「經營計畫、客戶第一、整備環境」，作為父親一生的注解。

關於經營計畫，我曾聽Y公司的董事長提過。

他頭一次把經營計畫草稿給父親過目的時候，父親面色鐵青，不僅將草稿揉成一團丟在地上，還用麥克筆在董事長臉上畫一個「大叉」，將他趕了出去。董事長去洗手間把臉洗乾淨以後，回到辦公室耐心的將那一團草稿撫平，重新看了一遍，突然恍然大悟：「啊，原來如此。」因為通篇都是用命令的語氣，根本不是經營計畫，而是工作指示。這就是他被父親怒斥的原因。

（父親曾說，經營計畫要展現的是，董事長對於公司前途重視的態度，就如同為人父母對於子女的期待，怎麼能夠透過告示或命令傳達？）

當時，父親連經營計畫的格式也有詳細規定：

- A4尺寸。
- 頁數二十頁以內。
- 簡單易懂。
- 印刷精美。

## 一家燒烤店的起死回生：從髒汙啤酒杯到翻桌率十二次

另外是K公司的指導案例。

有一次父親跟我說：「我正在指導一家燒烤連鎖店。我唯一的要求就是：『拿條抹布將店裡擦乾淨。』只要做到這一點，他們就不會虧錢。」老實說，當時我沒聽懂父親的意思，後來從那家公司董事長口中，才了解整件事的來龍去脈。沒想到父親說得雲淡風輕，其實過程波折迭起。

這位董事長為了讓連鎖燒烤店轉虧為盈，原本是向父親請教如何訂定經營計畫。不過，父親一下子就看出問題點，便將整備環境作為指導重點。

父親不僅每天去店裡巡查（當時有十六間分店），還要店長準備簇新的棉紗手套與牙籤。然後，戴著手套用牙籤在窗縫或玻璃的邊角戳啊戳。接著，再將髒汙不已的手套與牙籤，擺在董事長面前，毫不留情的說：「看到沒有，你們的店這麼髒！你打算讓客人在這麼骯髒的地方吃燒烤嗎？」

我想應該沒有企管顧問的脾氣會如此暴躁。不過，董事長卻一點也不在意，反而謙虛受教。諮詢期間，董事長總是親自開車接送。但由於父親的指導實在太嚴厲，所以他總是在附近的咖啡廳坐上三十分鐘，沉澱一下心情以後才敢敲門。

指導結束以後，他再開車將父親送回位於川崎的老家。將近兩個小時的車程，父親一路上緊閉雙脣，一句話也不說。有時候還氣得猛跺腳，聽說力氣過猛將董事長的車底幾乎踩壞。這也是他獨特的指導方式。

父親到家以後，董事長並沒有立刻掉頭回家，而是到咖啡廳稍坐片刻，平穩一下心情。那時他總想著，什麼時候一倉老師才肯教我寫份像樣的經營計畫？某一天，父親巡視的時候，看到收銀櫃臺旁邊有一個金屬材質的垃圾桶。他竟然一手拎起，用力往地上一摔。哐啷哐啷的一陣巨響，惹得所有幹部衝出來看。

接著，父親便因為店裡收拾得不夠整潔乾淨，當著所有員工的面，將董事長臭罵一頓。

那一天，董事長忙到晚上十點才回家，燒烤店的四名幹部早就上門負荊請罪：「抱歉，今天讓董事長丟臉了。」沒想到K公司因此轉禍為福，營業額終於不再是赤字。

父親巡視的時候，還喜歡拿起櫃裡的啤酒杯，放在水龍頭底下讓自來水嘩啦啦的流個不停。杯子只要有痕跡，就表示有油汙殘留，也就是洗得不夠乾淨。

「啤酒杯髒成這個樣子，你們敢拿這個給客人喝嗎？」為了避免啤酒杯沾到油汙，父親認為最好能夠收藏在密閉空間，於是想到了冷藏庫。沒想到，這個無心插柳，還讓董事長想出了冰凍啤酒杯的創意。

結果，業績最好的時候，燒烤店的翻桌率甚至高達十二次。這項數據連董事長與員工也感到不可置信。然而，這卻是不爭的事實。接下來，董事長在每家燒烤店的入口設置問卷調查（回函），而且全部送回董事長辦公室（這也是父親的意思，以免店長知而不報）。

董事長收到的回函大概分為三種，那就是好評、感謝與差評。經過父親的指導，董事長非常清楚差評才是公司成長的關鍵所在。雖然有些批評看得心驚膽跳，倒也成為他工作的樂趣之一。

父親經常強調，指導就該一清二楚的具體說明，他最厭惡那些賣弄文字的學術理論作風。

例如，每家工廠都喜歡到處張貼「安全第一」、「整理整頓」、「乾淨清潔」等標語，以為這就是整備環境。但其實，這些都是做給董事長或高層看的，毫無實質意義。如果沒有所謂的行動標準，這些標語倒不如貼在董事長辦公室還比較合適。

所謂的規定，應該有具體的說明。例如：「事先訂定物品的放置地點與擺放方法。使用完畢必須物歸原處」、「道具或工具要定期研磨與維修，以便他人使用」、「凡報紙大小的地板（桌子亦同）需在三十分鐘內打掃乾淨」等。環境的維持是工作的一部分，必須在上班時間內完成，下班後的任何勞動均不視為加班。

S公司的董事長說：「每天早上光是打掃就得花上半個小時，時間根本不夠用。所以我就將時間延長到四十五分鐘，我還告訴員工要懂得斷捨離，該丟就丟、該留再留。」凡是用心整頓工作環境的董事長，必定能夠體會作業效率不僅提高，工傷也降低不少。

雖然父親也曾在海外、北海道或神奈川縣箱根等地方舉辦過研習營。不過，父親對沖繩情有獨鍾，這裡才是他的大本營。有人問過父親：「沒想過從政嗎？」父親回說：「還真沒想過。不過，如果是沖繩知事（按：日本都道府縣的行政首長職稱）的話，倒是可以考慮看看。」可見他有多麼喜歡這個地方。

## 舉辦研習，搶上課人潮連司機都知道

報名研習營必須具備兩項資格，其一是上完父親一年八次不同主題的講課，其二是握有經營的決定權。

為期八天的研習營共有七十五個名額。其中的二十五名開放給新加入的經營者（稱為新生），剩餘的五十名則提供參加兩次以上的經營者（稱為畢業生）報名。基本上，研習營的課程以新生為主，不過畢業生也可以自由參加。

新生必須照著課表走，總是忙得昏頭轉向，畢業生則自由許多。這種差別待遇對於新生來說，反而是一種刺激與激勵。他們會想：「這次雖然有點壓力，下次看我怎麼大顯身手。」

但畢業生其實也不是隨心所欲，愛怎樣就怎麼樣，而是思考如何訂定經營計畫，也就是觀摩其他董事長的思維，藉此利用每一個機會成長。

研習營的成員來自日本各地。有些畢業生會提前一、兩天來沖繩報到。一出那霸機場，搭上計程車便直奔會場。四十分鐘的車程，大概要價五千日圓（按：本書日圓兌新臺幣之匯率，以臺灣銀行二〇二一年十一月公告之均價〇．二四元計算，約新臺幣一千兩百元），而沖繩的計程車司機收入一天在一萬五千日圓上下。可見這些大老闆的光顧對於司機來說，簡直是大豐收。

一到這個時期，司機們總是口耳相傳：「喂，研習營開始了喔。」平常空蕩蕩的停車場，也停滿招攬生意的計程車。那些自由活動的畢業生習慣一大早便包輛計程車，從早玩到晚，因此計程車的生意應接不暇。會場的飯店雖然是中日龍職棒球隊的簽約飯店，但是父親的研習營反而更受司機們歡迎。

回到正題，研習營總是由父親的主題演講拉開序幕。

讓我印象深刻的是，父親對著新生說：「今天不少人是頭一次見面，交換名片的時候難免有些拘謹。希望研習營結束以後，各位能夠打成一片，輕鬆的勾肩搭背，不再是某某董事長，而是小李、小陳的打招呼。」透過這些巧思，足見父親對於研習營的用心。

此外，沒說該怎麼做，卻要求大家根據資金運用計畫（一張A4只有二十九個項目的數據），編制期末的資產負債表。這麼難的表格，連銀行員都不見得寫得出來，父親卻親自示範給大家看。此外，研習會雖然並未禁止新生與畢業生溝通，但畢業生也能體會父親的用心，保持冷眼旁觀，讓新生自己想辦法完成任務。這一切都是因為，這些挑戰於新生而言，雖然難度太高，但父親非常清楚艱辛與努力是成長必經的歷程。

會議室二十四小時開放，新生們總是忙到深夜，可見大家的熱忱與認真。

課程結束以後，總有新生人提議：「嘿，來組個一倉會吧。對了，我們這一梯次叫……如何？」於是，一個又一個的一倉會相繼誕生。

研習營的最後，有一個簡單的惜別會。酒足飯飽後，所有學員摟著肩，圍成一圈，大聲唱著改編自第二次世界大戰的軍歌〈同期之櫻〉：「你與我都是同期的櫻花，在一倉的庭院中恣意開放……。」

不少新生帶著過關斬將後的成就感，在壯士斷腕的哀愁曲調，與結識新夥伴的興奮中，唱著唱著便熱淚盈眶。唱完之後，大家相互擊掌，同時兩人一組手握手搭成一座拱橋。此時，號稱鬼倉的父親笑容滿面的從拱橋下穿過，一旁的學員則熱情的呼喊：「萬歲、萬歲！」在全體的掌聲中，研習營圓滿閉幕。

一個月後，新生們還到東京再相聚。當時，父親說：「我相當清楚經營者多麼孤單，也找不到什麼人商量。不過，不要怕，任何問題都可以來找我。我永遠在你們身旁……。」

代序

# 管理就是從人而起，從人而終

這是一本挑戰傳統、充滿叛逆思想的書，是我為了尋求真理，即便身處現實泥淖、披荊斬棘，也要對傳統管理理論發出的沉痛抗議。

對於經營管理，理論的落實至關重要，然而令人氣餒的是，當我們越是奉行那些金科玉律，卻越與現實背道而馳。

當時，因為我自認學識不足，所以除了翻遍各式書籍以外，還積極向各方前輩請教，可惜這些努力終究徒勞無功。

直到我靠著過去的成功案例與失敗教訓，再加上自己的實務經驗，才總算理出了一個頭緒——真正能落實於現場的管理思維或做法，根本與傳統理論大相逕庭。

為此，我不由得合理懷疑過去的那些學術理論。

如果我們必須面對現實，而非空有理論，那麼，企業管理的一切論述都應該為了實務面而生，而不是流於背書及口號。

儘管如此，條理分明的傳統管理論述，一旦被應用在現實中，往往成了紙上談兵。但，現實是會變化的、是生動鮮明的，劃上一刀，便血流如注。企業如果不能改變，就無法在競爭激烈的商場殺出一片血路。

換言之，在成者為王、敗者為寇的商業競爭中，那些漂亮話或學術理論是不管用的。就如同旱鴨子下水，只能等著被水嗆。

即便如此，我們仍然改變不了傳統管理學，過於注重表面工夫的本質——內容空洞、言之無物。而且更可怕的是，在長期灌輸下，我們對此早已麻木不仁。

那些論述尤其擅長掉書袋，從而忽略了經營管理最重要的精髓——管理是員工的行動指南，理應從人而起，從人而終。如果忽略了這項關鍵，經營目的何在，管理目的又何在？

我個人以為，能否訂定明確目標，是日本企業往後面對嚴峻現實必須正視的課題。與此同時，也必須克服各種人事問題、矛盾、混亂與阻礙。當然，這也是一家公司破繭重生的過程。

書中闡述的主張或見解，都是我個人的實務經驗，而非憑空捏造。衷心期盼我的棉薄之力，有助於管理學破繭重生，創下革新的里程碑。

第 1 章

# 計畫不需要可行，要顛覆現狀

# 1 經營者唯一的工作，決定下一步該怎麼走

凡是在職場打滾的人，必定對「計畫為管理之本」、「事業營運首重計畫」之類的口號不陌生。計畫、計畫，這個我們耳熟能詳的名詞，再稀鬆平常不過了。許多人也都認為，凡事得先做個計畫。

但，如果問：「什麼是計畫？」、「計畫該怎麼做？」很多人卻又支支吾吾。這是因為，越是習以為常的人事物，我們就越容易因為理所當然，而不知其所以然。

話說回來，一位管理者如果連計畫是什麼都搞不清楚，又要如何訂定計畫？

因此，首先，我們理應釐清計畫的定義。

什麼是計畫？企管大師杜拉克是這麼說的：「計畫是關乎未來的一切決策。」

簡單來說，就是：「決定下一步該怎麼走。」

或許有人會說，這就跟「哥倫布豎蛋❶」一樣，誰說雞蛋站不起來，打個洞不就行了？還需要多費口舌解釋嗎？

話可不是這麼說，這個定義雖然簡單，但只要仔細思考，便能發現其中蘊含的深遠道理。也唯有深入理解相關定義，我們在訂定計畫的時候，才不會模稜兩可、無所適從。

就我來看，所謂計畫，是指事先決定內容，再按照計畫執行，並且貫徹到底。一旦缺乏上述認知，公司營運就會陷入混亂。事實上，我就親眼見證過不少公司因為忽略這麼簡單的道理，而導致經營失敗。

或許有人會反駁：「計畫只不過是暫定，又不是最後的決定。」或者「計畫永

❶哥倫布某次遭諷發現新大陸的功績。當時他並未多加辯解，反而對賭如何讓雞蛋在桌上豎立。眾人失敗後，只見他氣定神閒的在雞蛋敲一個洞，雞蛋便穩穩端立在桌上；藉此隱喻理所當然的事。

遠趕不上變化，修改也在所難免。」

然而，儘管這種做法在職場中司空見慣，卻不是管理者應有的態度。

這類說法更像是一種「推測」。就好比有人猜測：「今年的職棒，哪一隊會贏？」或者「這次的賽馬，哪一匹馬會勝出？」之類的。

而推測指的是，從旁觀的角度去猜測第三方會做些什麼，即使猜錯或者看走眼，也不需要負任何責任。

但是，換作是公司行號，計畫可不能如此投機取巧，一旦定了下來，就得按照計畫達成目標。因為，計畫的首要任務，就是負起責任、確實執行，而不是擅自提前或延後計畫進度。總而言之，按照計畫達成目標，才是我們應有的正確態度。

比方說，日本身為奧運主辦國，一旦對外宣布：「東京奧運[2]定於一九六四年十月十日開幕。」這就是一種計畫，主辦單位必須排除萬難並如期完成。

但也不能因為萬事俱備而提前開幕。所謂計畫並非高深的道理，關鍵在於說一是一、說二是二的嚴謹態度。

例如，電車就是最好的例子。電車必須照時刻表行駛，既不能突然加速，也不能放慢速度。就算提早到站，也要稍停片刻，以便準時發車。由此可知，**超前部署有時也是錯誤的做法**。

尤其生意有淡旺季，我們總會想：「下個月很忙，所以這個月能做多少，就先做多少。」這種想法看似合理，其實大錯特錯。因為不管下個月忙碌與否，管理者都應按原本的計畫進行才對。

如果下個月真的忙不過來，正確的做法應該是增加當月計畫，並且確實的執行。同理可證，計畫的成本價（cost price）也不能預留議價空間。即便迫於情勢、非降價不可，也應該在修改計畫以後，再繼續執行。

此外，品質管理也是如此。其最高準則並非提高品質，而是生產出符合計畫的品質。如果要提高產品品質，就必須訂定品管計畫並徹底落實。

當然，也有人為了輕鬆達標，一開始就降低計畫的難度，並為此沾沾自喜，但

---

❷東京第一次主辦的奧林匹克運動會，於一九六四年十月十日至十月二十四日舉行。

這只不過是自欺欺人罷了。唯有訂定具備一定難度的計畫，達成目標這件事才值得讓人引以為傲；也唯有貫徹到底，才稱得上是貨真價實的計畫。

## 「我已經盡力」，失敗者最愛用的藉口

所謂「盡力派」，指的是工作者把重心放在如何增加產能、降低成本，或者提高品質。

這類人經常會用「竭盡全力」，來展現自己的決心。如果只是嘴上說說倒也無可厚非，問題是所謂的盡全力，其實缺乏一致的標準。不管是完成一項或者兩項、三項、四項工作，我們都可以說自己竭盡全力。再比方說，「這個案件很急，我會盡快處理。」但速度到底有多快，根本是自己說了算。

盡力派的人做事往往只靠熱血，因為沒有一定的標準，所以工作成果也是見仁見智。說穿了，這些人就是不敢跟別人公平競爭而已。

表面上，他們裝得比誰都還賣命，一旦追究起責任，卻又立馬撇得一乾二淨；

或者是，當工作成果不如預期的時候，總是用「我已經盡力」這句話來卸責。和最初竭盡全力的樣子，形成強烈對比。

然而，執行計畫時，我們可不能像盡力派，只知道拍胸脯說大話。唯有腳踏實地的思考：「什麼時候達成目標？」、「成本該降低多少？」如此才能促使計畫推動。換言之，就是按照計畫，事先訂定明確的目標，拿出決心與責任感，而這也正是務實派的作風。

不論是盡力派，還是務實派，目標一明確，績效考核有了依據，每個人也就能公平競爭。

# 2

## 我眼中的好計畫，多數人都先說「不可行」

我們總以為計畫必須具備以下五大條件，否則就會胎死腹中，例如：

- 具備可行性。
- 要根據事實。
- 切忌躁進或耗時費事。
- 符合科學手法。
- 必須獲得內部共識。

老實說，我還挺納悶的。這些條件是誰規定的，怎麼就沒人出面質疑，或者反駁兩句？

在我看來，這些條件全是無憑無據的說法。不，如果只是缺乏根據，或者方向錯誤的話倒也還好。可怕的是，這些說法明明本末倒置，許多管理者卻毫無自覺，甚至認為這些理論言之有理。

尤其是，只要將這些奉為金科玉律，不僅能減少白費功夫，也不必苦思創新，這對某些混水摸魚的人，可是求之不得。但，這些條件往往就像「國王的新衣」、麻醉藥，是人們卸責最好的藉口，且有一就有二。

我之所以會這樣說，絕非個人偏見。

首先，什麼是可行性？什麼又是切忌躁進？

說穿了，這些依據不過是基於過去的經驗與傳統理論。可是，那些經驗難道沒有絲毫漏洞？傳統的理論就不容質疑嗎？

恕我直白的說，過去的經驗其實有很大的改善空間，而傳統理論更僅僅是人們已知的論述而已。

儘管這些根據經驗或理論所訂定出來的計畫，都具有可行性，實則是半吊子的人，做半吊子的事。

假設你手邊現在有個非常亮眼的實績當作範本，因此能很快就訂出一個既可行又穩定的計畫，即使沒有任何創新，最後也能如期完成。可是，如此取巧的計畫，又能代表什麼？

一味的依賴過去，就等同於安於現狀，既扼殺進步的空間，更遑論求新求變。只有以超越過去的經驗，或者否定傳統理論為前提，才能不斷的進步與創新。因此，就本質而言，計畫的好壞，其實與過去的經驗毫無關聯。

讓我來說個小故事吧。

在二次世界大戰，情勢最緊張的時候，日本最大國防工業承包商三菱重工，臨危受命打造一款終極武器，那就是「零式戰鬥機❸」（A6M Zero）。

在那個年代，戰鬥機時速頂多一百七十節❹（Knot），軍方卻要求速度必須提高到兩百節以上。除此之外，還要射擊率百分百、航程至少三千公里等，每一項要求都是高難度的規格。

更不用說，還要加裝二十毫米的機槍。以那個年代的技術來說，簡直就是不可能的任務。

面對軍方的無理要求，三菱重工從未想過參考其他機種的設計，或是行不行得通的問題。他們唯一的目標，就是打造出比敵機優秀一百倍的戰鬥機。換句話說，殲滅敵軍才是至高無上的使命。

之後，這些可敬的前輩靠著夙夜不懈的努力，總算交出一張漂亮的成績單。以企業的角度來說，殲滅敵軍等同打敗競爭對手，也唯有這麼做，企業才能得以生存。而生存，就是一切計畫的最終目的。

假設某件進價一千日圓的商品，定價一千兩百日圓向來賣得不錯，可是同樣類似的商品，在其他公司卻只賣九百五十日圓。這時候該怎麼辦？

---

❸ 二次世界大戰期間，舊日本帝國海軍的單座型艦載戰鬥機。當時軍用機習慣以日本皇紀年分後兩碼命名。零式戰鬥機於皇紀二六〇〇年正式啟用，因此得名。

❹ 速度單位。每小時一海里，相等於一千八百五十二公尺。

各位讀者可別覺得不可能，這種殺價競爭到處都是，我們稱作市場價格的自由機制。

如果這項商品還是主打商品，那麼這家公司能維持原本的價格設定嗎？其結果，往往不是和對方訂定同樣的價格，就是將價格壓得更低，進行價格廝殺戰，而且還不能賠錢。這才是商業競爭的實態。

如果連同業競價都拿不出對策，這種企業就只能等著被市場淘汰。既然計畫的前提是為了在商場中勝出，那麼開頭提到的五大條件就得改成以下：

- 缺乏可行性。
- 不必以事實為根據。
- 再不可能也要去做。
- 不須符合科學手法。
- 內部無法達成共識。

換句話說，就算基於過去的經驗，仍非改革不可的，才叫作計畫。

我有個朋友，在某家公司的生產部當經理。

前些日子，我們聊到部門年度目標。

他說：「我今年的目標，是將工作時數刪減三〇％。老實說，這個目標並沒有經過細算，純粹只是我個人的判斷。因為現在生意實在太難做了，所以我才設定了這個年度目標，同時請手底下的組長們各自提出計畫。

「部門開始執行以後，我會親自緊盯進度。不過，這件事並不容易。因為，刪減工時我們每年都在做，也不是今年才開始。只不過每次結果都不盡理想。就算把員工叫來問，也是理由一籮筐。

「我認為這些都不是理由。當然，我也不是那麼不盡人情，也想體貼的說：『盡力就好。』這樣一來，員工說不定還會認為我是個通情達理的好主管。

「可是，如果我只顧著當好主管的話，那公司怎麼辦？別說刪減三〇％工時了，可能連一〇％都做不到。所以，我才會狠下心來扮黑臉，逼大家達成目標。」

他的這席話，讓我十分佩服。自從他接手以來，長年不見起色的生產不但日漸改善，而且逐年成長。

沒多久，他們家公司便成為業界龍頭。之後更是在日本的第二股票交易市場❺成功上市。

這家公司之所以會如此蓬勃發展，當然不全是我這位朋友的功勞。但我私心認為，正是他在經理這個位子上，展現了勇往直前、毫不退縮的決心，才造就了這家公司的茁壯。

接下來再來看看其他案例。這是一家在業界呼風喚雨的大企業，前幾年發表的年度目標：

1. 增加四〇％產能（但設備與員工人數不變）。
2. 刪減一〇％經費。

條件夠嚴苛的吧？這兩項年度目標根本是強人所難，而且還不是高層根據過去的績效，所下達的指令，而是為了讓公司生存下去，所下的決心與行動。

由此可見，那些認為不符合經驗就訂定不出成功計畫的人，無非是自曝其短。遺憾的是，這全拜傳統的管理學所賜。

❺ 一九六一年十月，東京、大阪和名古屋三個證券交易所分別設立了市場第二部。因上市條件比第一部略低，相當於臺灣上櫃市場。

# 3 只想要依循前例，哪來的創新

接下來，是東海道新幹線的案例。東海道新幹線不僅是世界首創（按：全球第一個投入商業營運的高速鐵路路線），也是日本第一條高速鐵路。從東京到大阪，乘車時間只需要三個小時（平均時速一百七十公里，最高時速兩百公里❻）。在此之前，速度最快的特急列車「回聲號❼」，當時的平均時速也只有八十六公里，而且一趟就得花上六個小時。由此可知，東海道新幹線在速度上的突飛猛進，是多麼的驚人。

即便是當時格外引人注目的法國西北風號❽（Le Mistral），其平均時速一百三十二・一公里、最高時速也不過一百六十公里。與這些國際頂級列車相比，東海道新幹線可說是空前絕後。

令人跌破眼鏡的是，這個全長五百一十八公里的路線，竟然在短短五年內就完工。這項劃時代的計畫，難道是參考過去經驗才做出來的嗎？不，整個計畫不僅充滿各種矛盾與衝突，甚至被世人視作莽撞之舉。

但東海道新幹線卻成功了，在不被看好的狀況下，日本國鐵交出了一張漂亮成績單。成果之亮眼，甚至讓美國人讚嘆：「日本的技術簡直沒得比，我們真該好好看齊。」

僅憑過去的論述與經驗，即使科學手法再與日俱進，東海道新幹線的車程至少也需要五個小時。更遑論將六個多小時的車程壓縮至一半以下，簡直是技術上的一大挑戰。

---

❻東海道新幹線在一九六四年通車（原著發行的前一年），文中時速均為當時的數值。
❼回聲號在一九六四年九月三十日後，改走東海道新幹線（東京至新大阪，各站停靠）。
❽法國的西北風號已由法國高速列車（Train à Grande Vitesse，簡稱TGV）取代。

尤其大眾工具須以交通安全為重，這種任務大家推託都來不及了，有誰還會將責任往身上攬？

更何況，五個小時的車程，在當時怎麼看都是極限了。

那麼，東海道新幹線又是怎麼做到的？

其實，就是領導人的意志力與負責態度。唯有領導人展現出堅強的意志力，並且同時承擔所有成敗，計畫才有可能如期完成。

例如，新幹線的路線該怎麼設計、平均時速多少、軌道多寬才能承受負載、彎道與斜坡的角度設計、驅動系統該由火車頭來拉，還是採用動力分散式列車？其他還有，行車監控或交通事故預防等。

要解決這些問題，光靠過去的經驗，是做不到的，必須重新思考新的方案。

換言之，唯有這種大破大立的做法，才能打破過去的常識並且不斷創新。日本的科技也是因為如此，才得以迅速發展。

例如，列車自動控制系統（Automatic Train Control，簡稱ＡＴＣ）與中央行車控制系統（Central Traffic Control，簡稱ＣＴＣ）的研發，不僅有助於跟上無人駕駛的趨勢，目前更透過都市交通量的自主運算與燈號的自動操作，規畫出既順暢又便利的交通網。事實上，東京銀座一帶早已進行重點測試。

而這些創新的原動力，都來自於領導人的意志力。

一旦缺少領導人的意志力作為支撐，還能有創新嗎？答案當然是零。

看完了日本的案例以後，我們再來看看美國的「月球登陸計畫」是怎麼達標的吧（按：阿波羅十一號〔Apollo11〕，人類首次登陸月球的載人太空飛行任務）。

事實上，這個計畫褒貶不一。有人讚嘆是人類史上最偉大的創舉；也有人嘲諷，耗費四百億美金（按：約新臺幣一兆一千億元）的巨資，只為了將兩、三個太空人送到鳥不生蛋的月球，是有錢沒地方花嗎？這個計畫甚至被日本人拿來和「世界三傻」笑話家常（三傻分別為金字塔、萬里長城、大和號戰艦❾）。

姑且不論兩方見解誰是誰非，這個計畫的終極目標，是為了確保火箭在一九

---

❾舊日本帝國海軍所建造的最大型戰艦，服役於一九四一年至一九四五年。

六九年到一九七〇年，能夠成功將太空人送上月球。然而，這件事在當時卻被譏為無稽之談。不過，如此異想天開的發想，背後可是建立了一套完整嚴謹的計畫，並且訂下完成期限。

即使被譏為紙上談兵，美國仍然卯足全力，集結各領域的科學與技術精英，緊鑼密鼓的推動此項計畫。

沒想到，科幻小說般的情節竟在真實世界上演。要是法國作家朱爾・凡爾納（Jules Gabriel Verne）或英國作家赫伯・喬治・威爾斯（Herbert George Wells）地下有知，應該也會非常震驚吧！

因為克服重重困難，勇於挑戰未知，人類的科技才有飛躍性的驚人進展。

東海道新幹線的案例如此，美國這項破天荒的計畫亦是如此——**領導人的夢想，正是公司創新的推動力**。

然而，他們也必須考慮各種風險並訂定執行期限，同時在期限內完成，這才是所謂的計畫。

公司的經營管理也是同樣的道理。

接下來，讓我們看看松下電器是怎麼成功的。一九五五年，董事長松下幸之助為松下電器訂定了第一個五年期的事業計畫。這個創舉對於當時的企業來說，可說是史無前例。

說起一九五五年，受到前一年經濟大蕭條的影響，市況持續低迷。絕大多數的公司行號只在意如何度過眼前的難關，誰有沒有心思放眼於未來⑩。

松下電器當時的營業額，半年也不過一百億日圓。這項五年計畫卻企圖將營業額提高四倍，也就是一年八百億的天文數字。年營業額目標如下：

一九五六年：兩百八十六億日圓。

一九五七年：三百七十億日圓。

一九五八年：四百八十億日圓。

⑩松下電器產業於二〇〇八年改名為國際牌（Panasonic）。當韓戰（又稱朝鮮半島戰爭）於一九五〇年爆發時，曾被政府徵用。及至一九五三、一九五四年，因為情勢的反動而導致景氣衰退。

一九五九年：六百二十億日圓。
一九六〇年：八百億日圓。

從以上數據來看，這代表每年營業額的成長率必須高達三〇％。面對如此嚴苛的目標，各事業單位都心知肚明，光靠傳統做法與思維，是很難達成目標的，必須以全新的角度、大破大立，才能突破現狀。因此，董事長一聲令下後，各個事業單位便立即訂定計畫並且全力衝刺。

眾志成城的結果，讓原本預計在一九六〇年達成的目標，只花了四年的時間，也就是一九五九年，就締造出八百億日圓的業績。第五年的營業額更是一鼓作氣突破一千億日圓。

聽說，索尼（Sony）在研發電晶體收音機的時候，也是同樣的情形。當時，美國只將電晶體應用在助聽器上。西部電氣⓫（Western Electric）公司在得知消息以後，還出面勸說索尼的共同創辦人井深大，力勸他打消念頭：「電晶體收音機？你這是在自找死路吧！」但井深仍然堅持訂定戰略目標。同時，打了一場漂亮的勝仗。及至現今，國際上只要提起電晶體收音機，人們就會聯想到索尼。而且，不論是後來推出的電晶體電視機，還是攜帶式錄影帶，每一項產品都順利上市，堪稱企業典範。

另外像是，東洋人造絲⓬（Toyo Rayon）的董事長田代茂樹，雖然靠著研發尼龍材質，讓公司一舉成為業界龍頭老大，不過，他的計畫當初可是遭到銀行全面封殺，沒有一家銀行願意融資。

再比方說，川崎製鐵（原為川崎重工）的董事長西山彌太郎，興建千葉工廠的時候，曾向日本中央銀行（按：簡稱日銀）貸款。時任日銀總裁一萬田尚登便如此放話：「在那個地方蓋工廠？瘋了吧。我就要讓他看看那地方到底有多荒涼。」

可是，這位老董不僅將工廠蓋了起來，狠狠賞了萬田一記耳光，還打破過去的

⓫美國西部電氣創立於一八六九年，一九九六年停業。以電話與音響設備聞名。
⓬現為東麗集團（Toray Industries）。田代茂樹曾任該公司董事長與會長等重要職務。

成見，發想出許多新點子。

還有，關西電力的黑四水壩⓭，與近畿日本鐵路的名阪（大阪與名古屋之間）特急列車，這兩項建設也是兩家公司的老董田垣士郎與佐伯勇，在伊勢灣颱風（按：一九五九年，奪走日本四千六百餘人性命的強颱）的侵襲後，為了振興企業所開發出來的。類似的案例比比皆是。

在訂定計畫或決策時，越是亮眼的業績，就越容易讓人們自我設限。計畫的目標如果永遠依循前例，就談不上創新。換句話說，「可行性」之類管理學常見的專有名詞，對於創新，根本發揮不了任何實質作用。

⓭位於日本東北方，富山縣黑部川流域第四發電廠的水壩。

# 4 管理，就是把不可能變可能

從前面案例，可得知現實遠比我們想像中來得嚴峻。面對如此嚴峻的大環境，唯有經營者（含部門主管）拿出堅定的決心與行動，才能幫助公司突破困境，永續經營。

換句話說，公司在擬訂目標或方針時，必須時刻抱持著危機意識。例如，經營上有問題，就要以「如果不這麼做，公司就等著關門」為前提來思考，而不是淨說些漂亮的場面話，諸如要具備可行性、切忌躁進或者符合科學方法等。

再者，無論這些目標或方針再困難，經營者都有必要讓全公司上下理解，不這麼做，面臨的將是被市場淘汰的命運，並同時帶領所有員工奮力衝刺。

簡而言之，**管理不能只做可能的事，而是要做不可能的事**。如果公司永遠只設定簡單的目標，那還需要經營者或部門主管嗎？

任何公司想要在激烈競爭中存活下來，除了將不可能變可能以外，別無他法。因此，經營者的領導就格外重要，更是高階主管或專業人才的價值所在。反之，如果只是一味的遵循傳統理論，反而可能導致公司陷入危機。

儘管如此，不少管理者總是以「無法落實的計畫，等於做白工」，或者「計畫之所以不如預期，是因為執行難度太高」替自己找藉口，將錯誤歸咎於計畫不周。

但殊不知，一旦覺得不可能、做不到，人們便會失去幹勁。因為認為做不到就是做不到，勉強去做也只是浪費時間。最糟糕的是，還會被員工當作偷懶與逃避責任的藉口。對於那些混水摸魚的人來說，未嘗是求之不得？

然而，假使大家都抱持此種心態，公司還營運得下去嗎？後果當然是不堪設想。遺憾的是，這卻被許多人視為理所當然。

接下來，我想借用日本在航空領域的研發歷程，進一步解釋何謂把不可能變可能。東京大學系川英夫教授被譽為日本的火箭教父。一九六四年八月五日，他曾在

《讀賣晚報》發表一篇〈日本火箭的天花板〉的文章。

以下為節錄的片段。

日本的火箭從卡帕系列（Kappa）的K-6到K-8、K-8到K-9。再從K-9一路研發到拉姆達系列（Lambda）。每跨出一大步，「天花板理論」（ceiling theory）的批評總是如影隨形，人們總認為東京大學（以下簡稱東大）的能力有限，很難有進步空間。其中，最經典的莫過於K-8在秋田縣道川海岸試射的那一次。

當天，日本科學技術廳（現合併為文部科學省）航空技術研究所所長，中西不二也特地蒞臨參觀。他一看到K-8便脫口而出：「不錯啊，尺寸又更大了。不過，也就是這樣了吧。再大一點的，東大也做不出來。」中西所長不僅頭腦清晰，而且夙負盛名。在人才輩出的航空科技界中，算得上是響叮噹的一號人物。他的金口玉言當然擲地有聲，但他仍然跳脫不出世人的刻板印象。

當時，東大雖然尚未對外宣傳，但其實他們已經著手研發直徑七百三十五毫米的拉姆達助推器。

在一九五八年到一九六〇年，市面上的助推器最多只有兩百四十五毫米的K-6；但僅僅兩年，隨後又推出了裝載升級至四百二十五毫米的K-8，這項突破當然值得被大眾看見。

即便如此，K-6到K-8的突破，仍被世人輕描淡寫的帶過。可想而知，七百三十五毫米的拉姆達火箭亮相以後，也只換來了「東大的能耐不過如此」的冷嘲熱諷。令人不解的是，從未有人想過，東大的研發好比撐竿跳，橫桿即便只有提高一個刻度，對於選手來說，都是一個全新的挑戰。

最後，甚至連政界也開始出現雜音。不少人出面表示：「這麼高端的研發計畫，應該由更具規模的國家隊接手。」

有鑑於此，L-3的發布會上，研發小組除了介紹射程比上一代提高一千公里以外，還同時宣布接下來的繆（Mu）計畫，將挑戰一．四公尺的助推器。

東大之所以在這個時候發表繆計畫，為的就是反擊那些批評聲浪。

事實上，東大早就拿到大藏省（相當於經濟部）撥發的第一批研發預算。這項事實，讓那些想看東大笑話的學者完全跌破眼鏡。

東大的努力不懈，讓橫桿又提高了一個刻度。接下來，他們要挑戰的是人造衛星。只可惜他們在當時仍然擺脫不了世人的刻板印象——人造衛星還是由「國家隊出面統籌」比較可靠。

其中，大部分的批評都指向東大研發的火箭，缺乏導航控制系統。即使將人造衛星送上了外太空，也會脫離軌道。加上這個時候，日本南部鹿兒島縣的內之浦宇宙空間觀測站⓮也面臨機能有限，跟不上時代的問題，更坐實了這個印象。

話說回來，世上有工程師鑽研人造衛星，卻不知道研發導航控制系統的必要性嗎？問題如此顯而易見，東大的研發小組仍是信心滿滿的推動繆計畫。要是宣傳出去，大家還以為東大的教授到底有多異想天開！（中略）

換個角度思考，僅以導航控制系統，就對人造衛星計畫說三道四的人，反而是外行人看熱鬧。因為人造衛星涉及的問題廣泛而複雜，豈是搞定一個導航控制系統

⓮ 內之浦宇宙空間觀測站，Uchinoura Space Center，略稱USC；日本宇宙科學研究所（現為宇宙航空研究開發機構）所有的火箭發射中心。

就能了事？（中略）

東京大學前校長茅誠司⓯說過：「只有科學家，才知道科學研究的極限所在。」這句話實在值得我們三思。

系川教授之所以會如此發言，不過就是被那些天花板理論給惹火了。或許世人所言也不無道理。不過，系川教授與其團隊用實際行動，一一擊破世人成見的努力，正是將不可能變為可能的典範。

茅校長說過：「只有科學家，才知道科學研究的極限所在。」此句話同樣也可以套用在商場上：「只有經營者，才知道工作的極限所在。」

將不可能變為可能，靠的是人。同樣的，將可能變為不可能的，也是人。

⓯日本物理學家，第十七代東京大學校長。

# 5 只要方向正確，就算效率差一點也無妨

經營方針是經營者根據企業理念所提出的指導方針，也是決定公司未來走向的最高計畫。公司的各種活動，或員工的所有行動，都應以此為經營的依據。

一旦缺少經營方針，就談不上經營，也將使得內部管理陷入群龍無首的困境。這就好比揮著馬鞭，卻不知道該怎麼駕馭馬車，沒有經營方針的話，又要怎麼經營一家公司？如此簡單的道理，卻不受眾人所重視；有些人甚至認為不需經營方針，也能管理好一家公司，管理知識的欠缺可見一斑。

令人驚訝的是，這種公司並不在少數。相較於經營方針，他們往往本末倒置，偏重近代管理技術或手法的導入。

我的老同行田邊昇一[16]就是其中之一。在公司因經營不善而倒閉後，他曾如此感嘆：「我們千辛萬苦才得到戴明獎[17]（Deming Prize），換來的卻是關門大吉。」由此不難看出，經營方針的重要性。

這就好比手上有一輛馬車，卻沒有一個大方向，只知每天調教馬匹、讓馬兒熟悉韁繩的力道，或是將馬車打掃乾淨。可是，無論花費多少心血，馬車卻只會杵在那裡。

這就好比，有些公司因為做獨家生意（按：僅與一家公司做買賣），以為只要搶占獨家市場，便可以穩穩賺，卻忘了即使生意再好，也不能走一步算一步。正所謂人無遠慮，必有近憂。

而一位稱職的經營者，在整頓馬車（統御管理）之前，就必須先確定好目的地（目標）。一旦有了明確的大方向，自然懂得該如何整備馬車、調教馬匹，甚至培訓馬夫（勞力工作者）等，如此便能成功到達目的地。

即使馬車再殘破不堪、韁繩也被扯得歪七扭八，只要專心一致，駕著馬車往前跑，就能漸漸抵達目的地。

反之，一輛馬車再會跑，如果沒有明確的方向，就只能在原地打轉。最糟糕的是，要是走錯方向，一不小心就會跌進大窟窿（企業倒閉）。

這就是杜拉克所說的：「沒有效率但方向正確的公司，遠比有效率但沒效果的公司來得優秀。」

世界經濟瞬息萬變，業界的競爭也是日益激烈。在重重困境中，經營方針就是避免公司走向失敗的指南針。

舉例來說，某家公司的業務向來仰仗母公司的訂單。結果，母公司倒閉以後，這家員工中小型企業雖然有一百名員工，卻因為六千萬日圓的負債而瀕臨破產。這個時候，可以說他們就是時運不濟嗎？追根究柢，不就是經營者眼光淺短，以為有了穩定的訂單就可以躺著賺錢嗎？

⑯經營顧問公司田邊經營的創辦人。

⑰日本科學技術聯盟以美國品管專家威廉．愛德華茲．戴明（William Edwards Deming）為名，針對年度品質績優公司或個人所設立的獎項。

所謂經營並不是順應環境，而是要靠自己的力量求新求變，以便永續經營。在這個過程中，經營者的意志力至關重要。

而將這個意志力訴諸於明文規定，就是所謂的經營方針。凡是無法明文規定的，都稱不上經營方針，充其量就是經營者的想法而已。這種想法，不僅會依個人解讀有所不同，還很容易傳達錯誤。

新約聖經的《哥林多前書》⑱曾說：「若吹無定的號聲，誰能預備打仗呢？」換句話說，沒有將軍登高一呼，精英也會成為烏合之眾。

一家公司是前途似錦，還是岌岌可危，關鍵不在於資本的多寡，設備的新舊，更不是技術的高低，而是經營方針的有與無、優與劣。

現實生活中，這種例子比比皆是。

話說回來，能夠訂定經營方針的，除了經營者以外，別無他人。

法國皇帝拿破崙曾說：「沒有不好的軍隊，只有無能的將領。」

由此可見，公司的成敗全因經營者而異。例如，事業部取決於總經理，業務部取決於業務經理。

此外，所謂經營者並不局限於董事長。以事業部來說，總經理就是經營者；而業務部的經營者就是業務經理。也有人喜歡用管理者來替代。坦白說，我並不認同這種說法。因為管理者往往給人只管人事的印象。但，一個掌控部門生死存亡的人，怎麼可能是管理者？當然是經營者才對。杜拉克在著作中常提到的「高階主管」，同樣也是這個道理。

坊間的企管書籍五花八門，大多打著管理學的名號，但大部分都只能算是管理技術，與經營管理並不相干。

雖然也有部分書籍涉及經營管理，不過仍以管理、組織或技術的理論居多，經營方針相關的著作還是相對較少。

放眼日本，也只有田邊大力提倡經營方針的重要性。我一直深信就是這種高瞻遠矚與豐富的實戰經驗，所激發出來的經營方針、魄力，才稱得上是管理學的真正

⑱ 新約聖經書全書的第七本書。

核心。

一家缺乏經營方針的公司，今後該何去何從？

對於經營方針的重要性，我們實應多費心思體會與關注。

# 6 計畫跟當初預期的不一樣了，怎麼辦？

S縣的H市有一家F工廠，是業界屬一屬二的楷模。他們總是準時交貨，從不拖延，因此風評極佳。

不過，這家工廠一開始可不是這樣，他們也有過一段總是交不出貨、手忙腳亂的時期。直到有一年，董事長痛定思痛，決定來個內部大改造，為了確保訂單如期交貨，還引進了製程控管系統。

遺憾的是，這些努力全都付諸流水。六個月之中，仍然有兩個月延遲交貨。

然而，他並沒有因此懷疑自己：「怎麼搞的，跟當初預期的不一樣？」反而認真的反省：「為什麼這兩個月會交不出貨？這個問題該怎麼解決？」

自此以後，他花費了三年，追根究柢。總算皇天不負苦心人，所有訂單都如期出貨。除此之外，產品的品質與產能也都提高了。

我走訪這家公司時，便對經營者的苦心耕耘與用心印象深刻。尤其是，這已成為他們日常工作的一部分。

當計畫有所延宕時，一般會有兩種不同的反應。其中之一是：「就跟你說這些計畫根本沒用。」相反的，也有人會想：「到底是哪個環節出了問題？怎麼做，才能讓計畫成功？」

亦即，前者是消極派，一遇到阻礙就放棄；後者是積極派，想的是如何打破阻礙。不同的選擇將導致接下來的行動，有一百八十度的差異，結果更是如此。

換句話說，任何工作都一定會遇到阻礙，將這些狀況事先列入計畫之中，根本毫無意義。即使降低門檻，使計畫得以成功，當事者也不該以引為傲。

唯有克服重重阻礙，達成目標，才能獲得自身存在的價值與動力。

即使計畫不如預期，也不應該放棄，要緊抓著不放，奮戰到底。

即使品質不如預期，也不應該退縮，要堅持下去，直到達成目標。

即使成本管控不如預期，也不應該氣餒，要日以繼夜的努力，直到達成目標。工作上的阻礙，不是我們歸咎責任的藉口。重要的是，找出解決對策，並如期完成計畫。

## 為什麼作業流程老是越改越糟？

改善作業流程的目的，不外乎減少工時，提高產品品質，或者提高職業安全等。這個時候，傳統思維大多如下：

1. 查核現況。
2. 著手改善。
3. 建立新的標準作業程序。

乍看之下，這些對策還蠻有道理的。可惜的是，這些充其量只是急就章。只要仔細推敲，便漏洞百出。

首先，以改善作業流程來說，做到什麼程度才算是改？因為一點點也是改，徹頭徹尾的改也是改。

還有，只要微調一下就好，還是得從頭來過？一旦衍生出這些問題，就會成為某些人逃避責任的藉口，例如：「生產作業流程的改善，本來就不可能一次到位，我只能盡力去做。」然後一再拖延。這種說詞，不正是盡力派最擅長的嗎？

能改多少算多少的想法，不過是個人的主觀意識。直白的說，這種人根本就是狀況外。

比方說，以往需要一個小時才能完成的報表，主管要求在四十分鐘內完成，難道我們能說：「報告經理，我已經盡力了，但還是晚了十分鐘，下次只要給五十分鐘就可以了。」

既然主管要求在四十分鐘之內完成，我們就應該加快動作，思考如何節省二十分鐘的工時。這時，當然不能像無頭蒼蠅般埋頭苦幹，而是要先設定範圍，以達成主管的指令。

就算你已經盡了最大的努力，但只要對公司營運沒有半點效益，就只是當事人的自我感覺良好罷了。從經營層面來說，不僅無功，還可以說是有過。唯有說到做到，才能讓改善具有意義。

換句話說，改善作業流程的第一步，是設定何時完成主管要求的目標（亦即新的標準作業程序）。接著，才是查核現況，掌握目標與現實的落差。因此，正確的思考流程應該如下：

1. 設定目標（新的標準作業程序）。
2. 查核現況。
3. 掌握目標與現實的落差。

這再再證明，傳統思維對於改善作業流程毫無益處，頂多將之視為一種技術手法。問題是改善作業流程大多是前輩教導後輩，往往因為注重程序與做法而容易流於怒罵，造成員工心生不滿。但其實，那些堅守在第一線崗位的人，在意的並不是作業流程如何改善，而是被人踐踏的自尊心與名譽。

關於這部分，有興趣的讀者不妨參閱《卡內基溝通與人際關係》（*How to Win Friends and Influence People*）一書。美國著名的人際關係學大師卡內基（Dale Carnegie）對此有非常獨到且詳盡的說明。

事實上，所謂的改善作業流程，不過是分工合作的問題——既然達成上級指令是大家的共同目標，那麼當操作員面對棘手問題時，向生產線的工程師尋求支援，不就能減少與基層的對立？

或許有讀者會想：「說得比做得簡單！」但各位不妨想一想，在自己的職場生涯中，老闆或主管給過什麼明確的指示嗎？我猜大部分都是沒有的。問題是如果這些**改善僅憑個人意願，就不具備任何意義**——只要不是主管交付的工作，再怎麼努力都是白費功夫。

尤其現在很注重溝通氛圍，認為主管必須避免給員工太多壓力，但如果主管不明白下達指示的話，員工又該如何採取行動？

# 7 爭取預算不難，難的是怎麼編列

在設定商品價格時，有人喜歡從成本來推估。例如：這把雨傘光是成本就高達一千日圓，因此定價至少要一千兩百日圓才能回本。可惜的是，這種思考方式在現實往往是行不通的。唯一合適的方式，就只有成本計算。

這是因為，**商品的最終決定權還是在顧客身上**。同樣的一把雨傘，即使因為請不到工人、叫不到貨車而導致成本增加，這也都是廠商自己的問題，與顧客無關。對於顧客來說，商品價格的高低，僅取決於自己的需求。

這套供需定律也能運用在賣方市場。只要是供不應求的商品，價格自然會水漲船高。購買的決定權，完全取決於顧客的需求。

反過來說，如果是買方市場的話，顧客就掌握了定價權。在這種情況下，廠商往往只能配合市場行情壓低售價，以確保收支平衡。

換句話說，商品售價應從市場行情反推，並同時扣掉最低限度的利潤。當成本高於利潤，就表示該商品缺乏市場行情，最好立即停產。

倘若演變至此，公司為了管控成本，往往只能在設計、加工，甚至人事費用或經費開銷各方面開刀，藉此將價格壓到最低。

反觀，那些成天嚷著：「成本壓的這麼低，怎麼設計？」或者「就這麼一點預算，能做什麼？」的公司，不僅缺乏專業，想必也很難生存下去。

## 預算編列是派系的角力

大家總以為只有公務員才有「沒有預算，我很難做事」的擺爛心態。其實，這在一般公司行號也很常見。不少人都是用這個當幌子，將上面交辦的任務推得一乾二淨。可是，當我們向上級呈報時，經費在預算內卻又是大功一件。

有人將預算當藉口，有人利用預算來邀功，那預算到底是怎麼來的？

一般說來，大部分的公司都是各部門提交計畫，申請執行經費以後，再由財會部將這些申請統籌為總預算，並從中增加、削減。

有趣的是，業務部的行銷預算往往會低報，而生產部門的單位預算或經費，卻總是摻點水，也就是浮報。

其實，各部門會動這些手腳也不無道理。因為接下來，高層可能就會裁示：「行銷預算訂得這麼低，要怎麼跟別人做生意？」於是調高行銷預算、壓低生產預算。想當然耳，各部門為了爭取預算，便不厭其煩的上演爾虞我詐的戲碼。

事情之所以演變至此，是因為高層考核績效時往往只考量預算編列，才會造成各部門只求不超出預算的鴕鳥心態。

然而，在標列預算時，最常見的考量就是提高資金效率、節省經費。雖然這種思維並無對錯之分，但假使各部門提報的預算本來就有浮報，那麼即使高層刪減一部分，對於提高部門的工作效率或者節省經費，並沒有太大的影響。

從經營層面來看，這樣的預算編列已經失去原有的目的。

不僅會導致內部因循苟且，沒人肯花心思改革或創新，還會助長派系之間的角力。為了督促各部門的盈利控管，搞到最後卻演變為派系鬥爭。長久下來，反而為人所詬病。

然而，這也足以證明，編列預算出現根本性的問題。即便是現在，市面上仍有不少企管書籍，愚不可及的主張「編列預算必須徵得高層同意」。在這些大師眼中，編列預算與公司的營運無關，不過是一種管理技巧罷了。

美國通用汽車公司凱迪拉克（Cadillac）的總裁尼可拉斯．崔斯塔德（Nicolas Dreystadt）也曾說：「死守著預算不難，難的是如何編列。」這句話實在值得我們三思。

所謂預算，並非配合各個部門需求來增加或削減（這種做法是公務員心態）。那麼，企業的預算又該如何編列？接下來，就讓我舉個實際例子。A公司是業界龍頭，業績不僅逐年成長，而且不斷的求新求變。這家公司的預算編列簡單明瞭，只有以下三點原則：

1. 營業額的目標與盈利（營業額的一〇％），由董事長親自裁示。
2. 無法編列或未來的事業費用，從剩下的九〇％中扣除。
3. 其他經費再以剩下的預算支出。

所謂預算，應該由上而下編列。換句話說，預算必須由經營者主導，而不是任由財會部挖東牆，補西壁，只為了等老闆點頭同意。也唯有這麼做，才能有效杜絕經費摻水，甚至派系之間的鬥爭。

當然，粥少僧多的結果，每個部門被分發到的預算都不多，但如何用最有限的預算達成業績目標，正是部門主管該負的責任。

一旦有了壓力，部門主管就不能墨守成規，只能絞盡腦汁，努力完成公司的業績目標——這才是預算編列的真正目的。

最後，請容我對於未來事業經費（請參考第二五九頁）多做說明。

所謂未來事業費用，攸關一家公司未來的發展，因此絕對不能因為周轉不靈，就隨意刪減經費。倘若如此，扼殺的就是公司的未來。經營者應該審視外界情勢，編列未來的事業費用。

與此同時，這項預算也不該納入總預算，只是撥些錢做做樣子。因為未來事業應該獨立看待才對。

# 8 業務量暴增忙不過來？先別急著加人

所謂定編定員（Personel allocation staff），是企業為了發揮營運效益，確保正常運轉，事先調查崗位需求，與該配置多少名合適人力，所做的資源分配。

有些人以為只需透過科學或客觀手法，來分析業務，便能有憑有據、精準決定配置份額。

這是理想主義的典型思維。其實，只要仔細觀察，就不難發現那些分析出來的業務內容，不過是將過去的工作類別或業務量，套用在其他工作崗位上罷了，跟科學方法完全沾不上邊。事實上，公司內部的工作不管用什麼方法，都不可能透過科學方法調查。

因為科學分析有一定必須遵循的標準。如果這個標準本身就欠缺科學性，又怎麼得出科學性結果呢？

話說回來，如果以科學方法就能決定人力配置的話，多麼方便省事。更何況即使稍有出入，多派了幾個人，工會也不會找碴，部門的主管更不會將人往外推。

問題是大多數的公司都有人力吃緊的問題，讓各部門主管尤其傷透腦筋——明明人多才好做事，但現實卻是把一人當兩人用；員工做再多，公司也不會加薪，反而搞個手底下的員工心生不滿。

因此，我認為，為了公司營運而縮編的做法其實有待商榷。更不用說，公司要員工共體時艱這種官方說法，往往只會讓內部議論紛紛。

而且，職場如戰場，對員工來說，每個人都覺得自己的工作是必要的，又有誰會想被縮編呢？

退一萬步的說，即使人員配置的份額定了下來。但，企業並不是死的，面對瞬息萬變的情勢，必須不斷的改變，才能站穩腳步。因此，產品也好、組織也罷，連制度也得說變就變。如果一有風吹草動，就得透過科學手法才知道人力如何配置的話，那大家乾脆回家吃自己算了，還上什麼班。

姑且不論公家機關，定編定員對於私人企業來說，根本就不適用。

事實上，人力配置跟職務或者技能無關，而是取決於事業的目標。

任何一家公司的高層，都是在掌握業務目標與盈利多寡以後，才依此分配各部門的預算編列與人力資源。例如：這個專案只夠編列多少人事費用、這個人事費用只能安排多少人手，或者根據人均產值（代表一般組織績效；人均產值＝營業額除以總員工人數）的目標，這個案子要靠幾個人來支撐等。

接著，各部門再根據公司給的條件，務求使命必達。

我有一家熟識的公司，就是很好的例子。某次我前往拜訪，他們剛好接了個新案子，正在開會討論人力配置。當天的專案會議由A經理主持。

會議上，只見A經理簡單明瞭的下達指令：

「大家聽我說。這個案子粗估的毛利，加上我們的盈利目標，頂多安排五個人手。不過，以目前的狀況來看，至少得撥七個人才忙得過來。不夠的兩個人，就靠○○跟○○設備的機器來補足人力。另外一個方法，則是加強訓練，一個人做兩份工。對了，○○設備比較簡單，就那個吧。」

A經理的果斷，讓我佩服得五體投地。不過，能將手下訓練的這麼果斷的老闆，更是了不起。而且，這個案例還告訴我們，與生產相關的直接部門（Direct Department）只要有心，任何難題都有辦法解決。

問題就在事務部門（Indirect Department）⑲。一般說來，事務部門（未來事業例外）最容易有冗員問題。尤其在各種近代化管理手法引進以後，事務人員總是越聘越多。增加人手對於企業本身，其實無可厚非，但問題就在於，這到底能為公司營運帶來多少利益？又要增加多少人手才算足夠？其實，這並沒有任何判斷依據。

也正因為缺乏判斷依據，才讓這些事務部門有了巧立名目的機會，可以不斷的增加人手。

即使不以工作效率為由，只要向上層表示忙不過來，公司一般都會加派人手。可是，不管公司給多少人手，人們仍然會覺得人力短缺。於是，事務部門的人便越來越多。

令人頭痛的是，由於冗員的判定並沒有一定的標準，因此即使高層有心整頓，最多也只能順應手下主管的要求。

這確實是個無解的難題。關於這個問題，我認為不妨從檢測產能著手，尋求對策，詳細內容請參閱第六章（第二八一頁）。

⓳包括總務、行政、安全、財務、人事、生產管理、產品質量管理、採購、對外承包、成本管理、生產技術、設計、設備保全和工程管理等部門。

第 2 章

# 企業的成敗，90％由經營者決定

# 1

# 員工叫不動，是因為主管自己先裝睡

所謂執行，指的是按照計畫去做，而不是任由員工自由發揮。不論是對部屬、還是合作廠商，甚或是親力親為，都應該先有計畫。一旦缺乏計畫，便會讓執行陷入難以落實的窘境。

這就好比常有主管抱怨員工做事被動，但他們卻未曾仔細思考——會不會是自己的計畫訂得不夠明確？還有，公司高層、同事、部屬或合作廠商，也都清楚自己的計畫內容嗎？

很多員工之所以欠缺執行力，就是因為主管沒有交代清楚，所以他們只好照著自己的想法去做。

因此，與其整天抱怨，倒不如下達明確的指示和目標。

否則，一旦部屬開始行動，往往就會變成凡事盡力就好。而盡力派的缺點，相信我在前面已詳細說明。

在職場上，任何工作都應有既定的目標（亦即，前面提到的務實派）。如果決定目標，就是展現決心，那麼，計畫的執行，就是下定決心後所採取的行動，而不是漫無目的的去做。

在這裡，我想和各位讀者分享某位老董的經驗談。

他說道：「我們公司有一項主打產品，成本要三百多日圓，但由於費用太高，所以我想把成本壓到八十日圓。你知道嗎？簡直鬧翻了！每個人都說不可能。後來，我們努力了三年，總算將成本降到一百日圓。只要再加把勁就可以達標。

「老實說，能走到這一步，真的是煞費苦心。當時，降低成本是我的唯一目標，而達成目標是我的唯一信念。當然，也多虧員工的配合，才能成功。

「後來，我又設立了一個新的目標，大家還是直說不可能，不過我告訴他們，這句話我三年前就聽過了。當時你們都說做不到，成本還不是降了下來？而且還做得這麼出色。相信只要大家一起同心協力、分工合作，這次也絕對沒問題！」

由此可見，計畫的成功與否，取決於主管的態度。

# 2 不遵守規定的人，沒有資格批評規定

再來說個小故事。有一家供應商和美國A公司合作，製程控管系統完全比照美國公司的模式來做，卻總是搞不定。

於是，A公司便派專員前往日本指導。

沒想到專員幾句話便總結一切：「製程控管沒問題，制度本身也很好。唯一的問題，就是員工不遵守規定。」

這些話雖然忠言逆耳，卻蘊含著最平凡不過的真理。

但坦白說，這並非單一個案，而是日本企業普遍都有的通病。例如，開個會都能拖拖拉拉，很少準時結束。

話說回來，日本人開會雖然缺乏時間概念，但鐵路時程之精準卻是世界公認。尤其是位於交通樞紐的東京車站，時程控管之精準，連外國人都十分驚訝。殊不知這個守時的習慣，全靠遵守行車時程的嚴謹態度。

事實上，日本人不是缺乏時間概念，而是態度問題，總以為晚個幾分鐘也沒有太大關係。

但對於上班族來說，不遵守規定，拒絕完成工作，就會造成公司的管理問題；對於開車族來說，不將交通規則當一回事，除了造成交通事故，還可能殃及無辜；至於明明立了禁止游泳的牌子，卻還執意戲水的人，平白喪失的無非是自己的寶貴生命。

而在職場上，不遵守公司規定的人，最常見的狀況有兩種，一種是動不動就推託自己工作太忙；另一種就是，私下批評公司，認為制度或規定不合理。

關於第一種，除非情況特殊，否則只是反映當事人缺乏工作效率，或是分配時間不當。姑且不論這些狀況是否屬實，接下來讓我們來想一想什麼叫不合理？

首先，我必須強調，**不願遵守規定與老是批評規定是兩件事**。

或許有人會想：「就是因為公司規定不合理，員工才會拒絕遵守。」乍聽之下似乎言之有理，但其實並非如此。因為，這麼做極有可能引發許多問題，更遑論要維持社會治安和公司運作。

當規定不符合實務運作時，正確的做法應是修改規定，並且貫徹到底。但，規定只要訂定了下來，不管受到多少批評聲浪，員工都必須如實照辦。

這就好比工程師再怎麼有意見，還是得按照工程圖去執行。即使流程尚有改善空間或是難度太高，他們也不會因此停下手邊的工作。因為，這是一位員工最基本的工作態度——就算公司流程難以改變，還是得照規矩來做事。

只不過，人的情緒是會累積的，任何流程也都有討論的空間。因此，當員工壓力過甚、再也無法忍受時，往往會向上爭取。接著，只要得到上級的批准，員工也就能以此重新訂定生產流程，並且確實執行。

我時常納悶，對上層的做法再怎麼不滿，都能夠按流程來跟上級爭取。為什麼一遇到制度或規定，就耐不住性子的意氣用事？

**一個規定的缺失，只有實際去執行之後，才會發現問題所在**。試都沒試過的批評，就是發發牢騷而已。

事實上，遵守規定才是最不白費功夫的工作捷徑。話雖如此，也不是隨便頒布一個規定，讓員工照做就好。貫徹到底的決心既然重要，相應對策也不可或缺。

例如，需要組織支援的話，就由組織出面主導；需要設備的話，就提供設備；技術不足的話，就加強員工培訓。高層該做的是全盤考量，同時發揮創意與努力，讓下達的規定如實推行。

我們之所以可以把不可能變可能，靠的是堅忍卓絕的努力，而不是置身事外，靜待別人來改變。

# 3

# 資訊就像上鉤的魚，一到手就開始臭腥

職場不是小孩子玩扮家家酒，我們每天總是被現實追著跑，例如：

1. 時間有限。
2. 資料不夠完整。
3. 掌握情勢、冷靜判斷，待定案後立即行動。

任何工作都有截止期限，也就是背負交期的壓力。無論我們如何爭取時間，工作也不可能因此陷入停擺；即便你有各種正當理由，客戶也不會允許交期延後。

如果上升到技術或產品研發的層次，更是分秒必爭。為了搶得先機、打贏對手，在時程內完成是工作者唯一的使命。

但換個角度想，即便手下人才濟濟，耗費一切心力，都不可能將所有資料備齊。因為工作中，永遠都會有無法掌控的因素和變化。

換言之，**資訊就像上鉤的魚，一到手就開始臭腥**。

由此可知，我們手上的資訊能夠反映事實，又能發揮實際效益的，其實微乎其微。但即便如此，我們仍然應該利用有限的資源，掌握情勢並冷靜判斷，才能果敢的付諸行動。

尤其職場如戰場，必須掌握必要資訊，才能快速完成工作。因此，在蒐集資訊時，不能包山包海，而是要設定目標範圍。接著，再以手邊現有的資訊，進一步做出決策與判斷。而此時，靠的不是那些冠冕堂皇的企管知識或技術，而是管理者的縝密思維、獨具慧眼與果斷。

問題是，傳統管理學大多偏重在知識與技術面上，與實務運作幾乎完全脫節。

對於職場來說，現代化的科學準則或許並非一無是處。遺憾的是，因為多少企管大師的提倡，讓人們以為只要遵循這個準則，便能提高工作效率。

就像田邊說的：「成天將知識與技術掛在嘴上的人，就是缺乏自信。」不愧是我的老同行，一語便道破癥結所在。在跟著那些大師搖旗吶喊以前，各位讀者不妨先靜下心來想一想，知識或技術的意義到底何在。

# 4

# 成功者的腦就像電鑽，只集中在一個點

前面說過，工作不是扮家家酒，我們必須在規定的時程內完成任務，不能什麼都要做。

因為，什麼都想做，就什麼事都做不了；就算想要做到最好，時間再多也都不夠用。我們必須學會放下個人的情緒，將工作去蕪存菁，也就是釐清工作順序與輕重緩急之分。

我的另一位同行宮村邦雄對於這一點，有過人的看法。他說道：「其實，日文的『働』（勞動之意），拆開來看，不就是一個人將力氣放在重點上的意思嗎？」

說得真好，短短一句話便完美詮釋勞動的意義。

過去的大日本帝國陸軍（按：一八七一年成立、一九四五年解散後，為與陸上自衛隊產生區別，多以舊日本陸軍或舊帝國陸軍稱呼之）有個教戰守則，裡面的綱要清楚寫著：「打贏勝仗的要領，在於綜合有形與無形的要素，集中所有優勢，進行重點突擊。」

此處不討論大日本帝國陸軍的功與過，這個綱要可是軍方投入無數軍資、耗費無數歲月，與犧牲無數性命換來的經驗哲學，堪稱重點主義的終極心法。

再比如舉世公認的軍事天才、法國皇帝拿破崙，擅長的中央突破也是源自於這個概念。他的策略就是集中所有大炮的火力，往敵營的中心點猛攻。將敵營一分為二後，再一舉拿下。

當我們為了達成目標，集中精神付出一切努力的時候，就是重點主義的展現。

美國的知名作家克里斯蒂安・內斯特爾・博維（Christian Nestell Bovee）曾說：「成功的腦像電鑽一樣動作，而且只集中在一點。」這也是重點主義的心法。

工作總會有層層阻礙，如果我們無法一拳將這些牆面擊碎，或者雙手一推讓它們應聲倒地，那麼，此時倒不如先用錐子鑽出一個洞，再慢慢將洞挖大，逐漸讓這道牆分崩瓦解。面對任何阻礙，沒有比重點主義更實際有效的對策了。

重點主義，說穿了就是決定不做的事。而關鍵，就在於判斷和決策。但知易行難，「決定不做的事」說起來簡單，做起來並不容易。

這就好比人事升遷，決定晉升人選不難，難的是你要淘汰誰；又好比工程結構，沒有強度的設計絕對比有強度的困難。例如，零式戰鬥機，三菱重工為了將攻擊性能發揮到極致，最後選擇犧牲防禦能力。這就是重點主義的展現。

再比方說，組織或機構的縮編，凡是經手過的人都知道，面對如此高難度的課題，反而應該利用重點主義，將非必要或者必要性不高的項目一一排除。只懂得一是一、二是二，不知變通的做法不僅無濟於事，還可能壞了大局。

# 5

## 主管只會喊口號，員工當然不甩你

談到科學手法，我們的認知不外如下：

1. 釐清問題（或者目的）。
2. 蒐集所有實證。
3. 訂定可行性計畫。
4. 依照計畫執行。
5. 做好進度管理。

其實，這些全都是似是而非的說法，往往誤導我們一錯再錯。

首先，所有實證是很不切實際的。試問，所有實證的依據為何？這世界上，根本沒有任何人可以為此擔保做證。因此，即使員工無法完成主管交辦的任務，只要推託時間不夠，蒐集不了所有實證，光是這點就足以應付了事。部屬即使嘴上不說，心裡也是如此抱怨：「時間會不夠，還不是因為主管失職……。」

這種態度值得我們警惕。因為，即便就字面上來看並無破綻，也不代表這種態度就是正確的。只不過人性就是如此，總想挑語病、鑽漏洞來逃避責任。我當主管的時候，也經常遇到這種狀況，他們每說一次，我就得重新教育一次。

「完全」、「鉅細靡遺」或者「所有」之類的形容詞，就概念來說並無不妥，但在職場上，仍應盡量避免使用。更確切的說，凡是不切實際的口號，都不應該掛在嘴上，以免誤人誤己。

除此之外，可行性也有語病上的問題（請參考第一章說明）。總而言之，我的期盼極其卑微，不過是希望這些企管大師闡述高見的時候，不是單純站在理論的制高點，而是放下身段思考現實層面。

# 第 3 章

# 猶豫不決，比錯誤的決策更糟糕

# 1

# 魔鬼藏在細節裡，但細節在哪裡？

稍具企管概念的人都知道，所謂進度控制管理（progress control management，以下稱進度控管），是指有效掌握進度目標與實際績效，並弭平兩者之間的差距。然而，大道理人人都懂，真正能做到的人卻是少之又少。

派不上用場的管理知識，還不如什麼都不做。目標與計畫的訂定其實不難，難的是如何執行與控管。我因為工作的緣故，接觸過不少公司行號與商界人士，也因此發現進度控管是許多管理者的弱點。

我總是在想，為什麼這些人會欠缺控管能力？問題的癥結點到底在哪裡？

說穿了，這無非是人性的弱點，因為這些人從未面臨到生死存亡，必須全力一搏的困境，自然缺乏危機意識。怎麼做都混得下去的話，誰還願意努力呢？

然而，即便缺乏危機意識，工作態度仍然關乎我們的人生觀與使命感。唯有使出渾身解數，才能證明自己的生存價值。

假使如此，高遠目標的建立就至關重要，無論遇到到任何困難，我們都要拿出貫徹到底的決心與行動力。

尤其在面對阻礙與荊棘時，不僅要堅持到底，往目標奮力前進，還要越挫越勇、堅忍卓絕或者奮鬥到底——而這些也正是進度控管的基本精神與態度。

儘管掌握計畫與實際績效的差距，或許可以單純視為技術問題。然而，進度控管卻與此不同。一旦只從技術的角度去看，就會怎麼做都不對。於是，很多人往往不明就裡，就將原因歸咎於計畫失敗。

但這些失敗的理由即使說破了嘴，也不值一分錢。能為公司創造利潤的，唯有成果而已。

如果進度控管的目的，是為了掌握計畫目標與實際績效的差異，那麼，我們首先應該要做的是，找出其中差異並分析原因。

話說回來，分析原因可是一門大學問。

例如合格率、出勤率或者達成率之類的數據，雖然我們在職場上經常聽到這個名詞，對於統計或分析而言，也有其必要性。但站在管理的角度，這些數據反映的是績效，與計畫或作業標準的差距卻毫不相干。

如果換成不合格率、缺勤率與未達成率的話，更為精準。這是因為，計畫的達成率雖已高達九〇%，但我們不能因此而自滿，因為還有一〇%的空間，需要再接再厲。不論差距大小、輕微或者嚴重，我們都應該虛心檢討問題所在。

舉例來說好了，倘若一項產品的合格率為九七%，如果我們只看九七%的這項數據當然不成問題。但該檢討的其實是剩下的三%，也就是不良率——追究剩下的差距，才是魔鬼細節的藏身之處。

我指導過一家公司，標榜品質管理，還因此設置了品管課，專門接收各個部門的反饋。

幾年下來，他們的不良率始終在一〇%打轉。我走訪這家公司的時候，生產技術部經理還特地要我抓出病因。他說，檢驗項目的異常值（Outlier，與其他數值相比差異較大的數值）從原來的五％降到三％，品質明明已大幅提升，為什麼不良率就是降不下來？

單就異常值而言，這個成績當然不容否定。不過，企業如果因此志得意滿的話，未免太過樂觀。因為企業的競爭力在於如何突破不良率，即便只有一〇％，也不容懈怠與疏忽。

首先，我要求他們將成品的檢驗數據，依不合格的項目別進行帕累托圖分析（Pareto Chart，只要針對貢獻度較大的要因，就能歸納出造成損失或不良的要因）。結果，五十個不合格項目，問題幾乎由其中的四個項目包辦，而且還都是難以補救的問題。

進一步調查還發現，這四個項目皆起因於某個環節設計不夠完善，而受到牽連。儘管如此，當檢驗項目的異常值都低於公司規定的三％時，即便有人在品管會議上對此提出問題，也不會有人附議。但我認為，這四個項目才是改善重點。或許處理起來棘手，不過只要克服這個難關，就能將不良率降低一半。

再舉個例子吧。我還輔導過一家工廠，他們特別注重庫存控管，規定所有組裝零件只能維持兩天的備料。

控管方法很簡單，就是每天清點庫存、填寫庫存表，採購部門再根據存貨量下單。這套作業模式看似嚴謹，事實上問題叢生。於是，他們便找上我，希望能找到魔鬼細節的藏身之處。

我實地了解以後才知道，這家工廠的庫存採用絕對值，由於會事先扣除訂單的額度，因此備料不是高於規定的兩天以上，就是低於兩天以下。不過，只要按照生產計畫維持兩天的備料，就不存在過多或過少的問題。於是，我便將庫存與生產計畫重新對了一遍。結果，發現即使庫存量的絕對值明顯過多，對於生產計畫而言，卻是正常庫存。然而，那些被列為正常庫存的，事實上不是急需進貨，就是備料過多的零件。可想而知，當某些產品急於交貨的時候，必定挪用庫存的備料救急，反而讓那些待組裝的產品陷入停擺。

或許有人會想：最好有這麼離譜的事情？事實上，這是我的親身經歷，更是職場中司空見慣的場景。

總而言之，即使是我們經常聽到的這些數據，一旦缺乏評估標準，就會產生問題。話說回來，這個問題也不難解決。只要按照計畫或者作業標準執行，即便魔鬼也沒有藏身之處。

# 2

# 過時的數據，就像冷掉的菜

所謂進度表，並不是用來發現進度延遲的工具，因為任何環節只要掉了鏈，進度表在當下便毫無作用可言。例如，訂單無法如期出貨，客戶就會急跳腳；材料或零件來不及備料，就只能看生產部門擺臉色。

換句話說，**進度表的功用不是事後補救，而是防範未然——隨時掌握計畫的進度，採取合適的因應對策**。例如，預防性維修（Preventive Maintenance，簡稱ＰＭ）就是很好的例子。其目的在於透過系統性的檢查，事先預防機械故障，甚且工災的發生。

職場上，每一個人都是哨兵，而不是救護站。哨兵的責任是扛著槍枝堅守崗位，緊盯任何風吹草動，以免錯失制敵的先機。換句話說，就是隨時察覺工作的問題，如何著手處理才是關鍵所在。

一旦錯失了先機，所有努力都將付諸流水。例如，上班不小心遲到，即便有千萬個理由，也改變不了遲到的事實。再嚴重一點的，人一旦離開世間了，難道還有起死回生的餘地？

同理可證，任何公司都不應該在發現問題以後，才發現為時已晚。針對每一份報表檢討企業體質，才是當務之急。

對於企業來說，財務報表就像醫師開立的死亡診斷書。問題是大部分的公司總是拖拖拉拉，眼看截止日一天一天逼近，卻連一份報表都搞不定。然而，財務報表最注重熱騰騰的數據。例如，月報至少在月結後的三天內提出；即使不含外部結算，年度報表也必須在十天以內提交，否則就像冷掉的菜一樣，只能丟掉。

對數據一再拖延的做法，完全是會計學墨守成規，跟不上時代腳步的緣故。

於是，我便建議客戶與其如此，不如在管理報告上下功夫，趕在月分或者年度報告結算後的三天內提出。

令人欣慰的是，不少公司還真的因此而受益。由此可知，精準無誤或者光鮮亮麗的數據並不一定派得上用場。某些情況下，時機更為重要。

# 3 別浪費時間寫檢討報告

有一次，我幫某家工廠評估製程控管系統的時候，看到一份零件缺貨報告。老實說，我從事這一行這麼久了，還真是大開眼界。據說這份報告的格式出自於某位權威學者。有意思的是，他要求員工寫書面檢討報告。不過，根據承辦人員的說法，往往缺貨報告寫到一半，庫存的零件又有變化。所以，書面檢討報告其實跟寫作文沒什麼兩樣。

待過工廠的人都知道，量產的製程一環接著一環，牽一髮而動全身。連最基本的零件都上不了產線，寫再多的報告又能如何？更不用說書面檢討報告了。

零件一旦缺貨，寫再多報告也無濟於事，只有實實在在的對策才能解決問題。

與其要求員工將時間浪費在寫檢討報告，倒不如催促他們更努力工作。遺憾的是，多少管理階層仍然跳脫不出書面檢討的窠臼。

關於這個問題，我們來看看杜拉克大師怎麼說吧！

報告與作業流程是不可或缺的管理工具，但我們卻經常誤用，並因此遭受損失。報告或者作業流程一旦被誤用，不僅無法發揮原有的功能，還可能引發更多工作問題。

報告與作業流程之所以容易被混淆，不外乎三種情況。第一，堅信作業流程就是所謂的工作紀律。然而，這種想法實在不值得鼓勵。因為作業流程的目的是提高工作效率，而不是增加工作負擔。換句話說，就是用最少的時間與精力，將工作處理好。（中略）

第二，將作業流程視為決策的工具。事實上，作業流程必須經過高層決策，也就是一切都得明文規定，同時反覆運用下，才有它發揮的空間。

問題是我們處於文明世界，即便形式已然固定，大部分的人仍傾向尋找出更好

的做法。歷史如此，商業世界亦是如此。（中略）

第三，高層將報告與作業流程當成管理部屬的工具，這種情況其實很常見。當部門的報告或作業流程成為例行性事務時，不免加重業務報告的工作量。例如，子公司的廠長為了與總公司的會計、工程師或者其他主管匯報，至少得準備二十幾份報告，儘管這些他都用不上。時日一久，每天都在寫報告的這位廠長，都快忘了管理工廠才是自己應盡的職責。雖然經營者是站在管理公司的立場，下達指示，但這卻會讓部門主管以為這是自己的職責。因此，有些管理者即便對既有的流程感到不滿，卻仍然將精力放在與本業無關的瑣事上。不僅如此，就連高層也經常因受限於流程，甚至讓公司營運走偏了方向。（中略）

事實上，報告與作業流程應避免使用。也就是說，只有在需要節省時間與精力的時候，才派得上用場。更重要的是，格式必須簡單扼要，以免讓事情複雜化。

——摘自《彼得・杜拉克的管理聖經》

（現代の経営，日本自由國民社刊出版）

誠如杜拉克所述，許多公司就是因為作業流程過於瑣碎複雜，使得報告格式益發複雜。結果，幾乎每間公司都增加了事務部門的人員配置。英國歷史學家諾斯古德・帕金森（Cyril Northcote Parkinson）根據英國海軍的冗員現象提出「帕金森定律[20]」（Parkinson's law），就是最好的例證與說明。

當我們忘了公司存在的目的、忘了自己的工作目標，只將重心放在日趨複雜的作業流程時，或許該暫停腳步，靜下心來想一想。

## 計畫和績效差距大，並不是管理問題

接下來，讓我們來比較計畫和實際績效。

如下頁表3-1所示，A公司某產品的生產計畫，光是一個月的業績目標就校正了兩次，讓人不禁質疑這數字的真實性——原本的差距到底有多大？

這是因為，傳統思維往往將計畫與實際績效的差距視作管理問題。

就這個案例而言，實際績效與計畫的原始設定相差高達一千一百萬日圓，因此中間校正了兩次計畫目標。之後，雖然結果不盡理想，但至少將控損壓縮在一百三十萬日圓——拆東牆，補西壁。可是，既然都要配合實際績效，為什麼不校正第三輪，將計畫目標下修到一千六百萬日圓？如此一來，業績還比計畫高出一百二十萬日圓。

可是，這不禁讓人懷疑計畫所謂何來？按理說，管理是按計畫目標達成實際績效，並且掌控兩者的差距，而不是為了配合績效，修改計畫。如果說改就改的話，還需要高階主管想破腦筋嗎？

這種迷糊仗絕對不是所謂的管理。有陋習的公司

⑳此定律摘自帕金森發表於一九五七年的著作。他以英國海軍為例，證明即使軍艦或軍人的數量銳減，但行政部門依然養一大堆閒人。

## 表3-1　A公司某產品的生產計畫

| | 原始設定 | 第一次修訂 | 第二次修訂 |
|---|---|---|---|
| 計畫目標 | 28,200 | 21,800 | 18,500 |
| 實際績效 | 17,200 | | |
| 兩者落差 | 11,000 | 4,600 | 1,300 |

（單位：千日圓）

只要不能痛定思痛，業績就不可能有好轉的一天。然而，這樣的公司卻比比皆是，「計畫應該配合狀況調整」這種似是而非的理論幾乎成為職場定律。

或許有人覺得我誇大其辭，然而這卻是不爭的事實。

不過，「計畫永遠趕不上變化」這句話又有所不同，它旨在強調從小處（亦即微觀主義）著眼。確實，計畫中的任何一個微調，等同於修正了原先的計畫。不過，換一個宏觀的角度來想，計畫中的微調難道不能視為進度控管的過程嗎？這就好比說每日調節零件的進貨狀況，是為了達成月度計畫。

換言之，**適時微調與變更計畫無關，而是為了掌握全局、達成目標控管**。

不可諱言的，計畫也有可能趕不上變化而必須修正。不過，這個變化僅限於不可抗拒的外在情勢，而不是為了替內部的問題善後。計畫控管是檢視工作效率的指標，當延期出貨或者產品不良的問題浮出檯面的時候，更應該透過控管解決內部的成效不彰。

# 4

# 有錯就改，朝令夕改又何妨

許多人對上位者都有朝令夕改的既定印象。一個總是朝令夕改的主管，不是猶豫不決，就是說話不算話。不過，換個角度想，如果真有必要改，卻因此擱置豈不是更糟糕？

俗話說：「智者千慮，必有一失。」再怎麼謹慎的決定，難免都有疏漏的時候，結果不如預期是常事。一旦出現問題，就應該當機立斷，調整修正。

例如，一位工程師發現設計有錯，礙於面子卻視而不見，那麼後果如何也就不言而喻。

此外，有些主管會因為擔心自己被貼上朝令夕改的標籤，因而缺乏隨機應變的魄力。然而，即便保住了一時的面子，內心還是會忐忑不安。結果，就變成被員工牽著鼻子走。這種瞻前顧後的心態絕對是職場大忌。當主管下達了指示，卻沒人遵從，又要如何拓展業務？

**只要是高層下的決策，員工就該予以遵守**。尤其是重視紀律的經營者或者高階主管，他們從不將自己的面子當一回事；早上下達的指示，下午撤回也是理所當然。如果沒有這樣的認知，就容易變得不知變通。

在修訂制度或者規定的時候，上位者難免會因為擔心反對聲浪過大，而顯得綁手綁腳。此時不妨先觀察，配合大家的反應再適時修改。等到一切穩定上路以後，再正式推動的話，不僅風險較低，也更為實際。

另外，**「主管不切實際」也是員工最愛推卸的理由**。事實上，所謂的不切實際分為兩種。一種是純粹脫離現實太遠，另一種是不思進取，僅依賴現況或者過去的經驗。這個時候，主管能否判斷出其中差異就很重要，必須積極正向的思考。

# 5 主動製造問題，才能把事業做大

問題這兩個字，雖然我們成天掛在嘴上，卻很少人知道什麼是問題。

或許有些讀者會想，問題不就是必須解決的事情嗎？或者是各種影響企業提升經濟績效的要素嗎？這些解釋固然沒錯，但就是不夠明確。難道沒有更一針見血的定義嗎？

身為企管顧問，我認為：「問題是計畫（作業標準）與現實之間的差距。」

例如，產線追不上生產計畫的時候，其中產能的落差就是問題；完成品出現瑕疵，問題點則在於品質管理。

而一家企業越做越大，卻永遠趕不上營運目標，問題就出在高層的方針與實際績效出現了落差。

從這個觀點切入的話，便能清楚看出問題所在。若能搭配明確的數據，這些問題更是立即浮出水面。

反過來說，沒有方針、目標、計畫或者作業標準，就不存在所謂的問題，單純只會被視作一種理所當然的現象。例如，完成品出現瑕疵，有心解決的人會把它當成一項問題來處理，但某些人則會想：「產品有毫無瑕疵的？」然後將瑕疵品視作一種必然的現象，而不是製程的問題。

由此可見，問題不是一開始就存在的，而是由我們製造出來的。一家公司的事業要做大，目標必定要高遠，而高遠的目標自然與實際有所落差，於是才會出現我們口中的問題。反之，只要滿足於現況，問題就不會浮出檯面。換言之，所有問題都是源自於飛得更高遠的意念。目標與標準的門檻越高，問題往往也越發棘手。

因此，我認為，所謂解決問題就是掌握計畫與實際績效的差距，也是落實控管的精神。

## 問題，只分急性、慢性

問題也有緊急與否之分，就如同疾病分為急性與慢性一樣。不同的病症，治療方法也不一樣。面對問題也應該根據輕重緩急，採取不同的因應對策。

一般來說，面對緊急問題時，有以下三個解決步驟：

1. 找出問題點。
2. 研擬對策。
3. 調查發生原因，然後排除。

也就是說，研擬對策為首要之務，尤其是機器發生故障、工人請假、備料缺貨等突發事件。

在這種時候，調查原因、追究相關人員的責任是毫無意義的。就好比發生火災的時候，第一步就是滅火。至於起火原因，等火滅了以後再追究。

然而，在商場，大家通常想的不是如何解決，而是把重點放在追究責任上。尤其是遇到產品延期。會議上，大家不是想辦法將零件補齊，而是互相噴口水。如此又怎麼能如期出貨？

事實上，任何對策會議中，除了討論解決方案以外，其他的議題都不宜於此時提出。

慢性問題的三個解決步驟，則如下：

1. 找出問題點。
2. 釐清原因。
3. 研擬對策。

要特別注意的是，由於問題性質不同，解決步驟也不同。面對問題時，切忌混為一談，以免錯失時機。

慢性問題著重於對症下藥。在未能查出病因的情況下，貿然行動反而適得其反。唯有掌握問題的前因後果，想出合適的解決對策，一切才可能迎刃而解。

然而，現實生活中，大家總是將力氣花在解決問題，從未想過問題產生的原因。例如，完成品出現瑕疵，不去思考原因出在何處，而是浪費時間修改產品設計。又或者是，備料延期交貨，只知道跟廠商催貨，而不去思考其他對策。

遇到問題的時候，首先是判斷輕重緩急。然後，才是視問題的緊急與否，採取合適的因應對策。

# 6 沒有提出解決方案的會議，馬上叫停

慢性問題其實比緊急問題還要棘手。因為在短時間內難以解決，才會逐漸演變成慢性問題。要解決這類問題，就不能過於焦躁，否則就會像無頭蒼蠅似的在原地打轉。聰明的做法是按照規則走。

關於這個課題，讓我們看一看戴爾．卡內基是怎麼說的。在《如何停止憂慮開創人生》（*How to Stop Worrying and Start Living*）一書中，他舉了一個案例，標題是「如何消除工作煩惱」。

以下是真實案例，而不是用「約翰」、「X先生」或「俄亥俄州的某友人」這

種第三人稱所捏造出來的故事。故事的主角叫做里昂．施姆金[21]（Leon Shimkin）。他掌管賽門舒斯特出版社（Simon & Schuster）多年，目前是紐約口袋書店（Pocket Books）的董事長。他曾經跟我分享過一段工作經驗。

「十五年來，我每天的行程有一半的時間都在開會。我們一群人整天想著該這麼做，還是那麼做，或者及時喊停。不論我們如何情緒亢奮，在椅子上坐立不安，在房間裡來回踱步，卻永遠得不出結論。每到夜深人靜，我總是精疲力盡，甚至以為自己到死都會持續這樣的狀態。一直到十五年過去了，我從未想過如何讓自己跳脫這樣的困境。如果有誰對我說，想辦法避開你最討厭的開會，說不定可以節省出四分之三的時間，而空出四分之三的時間，就能讓情緒得到紓解，我肯定立刻反駁，因為這種人就只知道耍嘴皮子。但這種生活方式，我實在受夠了，於是想出了一套對策，而且還持續了八年。那就是追求效率、健康與幸福，讓所有的功成名就

[21] 美國著名出版人，逝世於一九八八年五月二十五日；曾經參加過卡內基的課程，當時還只是基層主管。

美夢成真。說起來或許像魔術般讓人不可置信。不過任何魔術只要揭穿了，也就不稀奇了。

我的對策很簡單。第一，顛覆十五年來的開會流程——例如，在理事們鉅細靡遺的解釋自己失誤的時候，只用一句：「你打算怎麼做？」堵住他們的嘴。第二，制定新的會議規則。凡是開會討論的提案，必須針對以下四點提交事前報告。

一，問題為何？

（從前，我們總是在搞不清楚問題的情況下，浪費一、兩個小時，而且吵得不可開交。遇到問題，不懂得列出重點，只會站在各自的立場，相互指責對方。）

二，原因是什麼？

（回顧從前，我才知道自己總是忽略發掘問題的根本成因，只將時間浪費在沒完沒了的會議上。一想到這裡，就覺得懊悔莫及。）

三，對策為何？

（過去只要有誰提出解決辦法，必定有人出來唱反調。然後，雙方吵得面紅耳赤，甚至離題。開完會以後才發現，與對策相關的討論一個也沒記錄下來。）

四，決定

（以前一遇到問題，我總是一個頭兩個大，從來不曾細想事情的前因後果——因為大家都是空著雙手就來開會，沒有人準備解決方案。）

這些規定一公布，連同事也很少來跟我討論問題。因為他們根本不知道要如何掌握事實、花費心力檢討，才能回答出上述的四道提問。

反過來說，如果能夠按照這四個步驟，找出問題所在的話，也不需要我出馬了。因為一個好的對策如同吐司，只要烤熟了自然從麵包機中彈跳出來。即使需要進一步討論，花費的時間也比平常節省三分之一。因為這些對策早已依照步驟，按部就班的經過一番檢討。

現在我們公司已經不會浪費時間在開會上。想讓一切步上軌道，與其花時間討論，倒不如身體力行來得重要。

看完以上的案例，請容我補充幾點。

**提問一：**

要具體掌握問題的本質，就得透過方針、目標或計畫，與現實狀況相互比對。接著，再挖掘問題、進一步探討。站在客觀的角度，與其他公司比較、分析趨勢。必要時，聽取他人的意見。

**提問二：**

所謂問題總是盤根錯節。只要找到源頭，一切便水落石出。就好比要拿粽子，只要抓住繩頭，隨便拉就是一大串。又好比中醫師如果搞不清楚穴位，再怎麼針灸就是白受罪。無法針對根本原因，對症下藥的話，問題當然無法迎刃而解。

**提問三：**

列舉一切可行性對策。越是棘手的問題，越需要其他備案。對策的多寡，是問題能否成功解決的關鍵。開會之所以無疾而終，大多是因為永遠只有一個解決方案，而且只要一提出，立刻就會成為眾矢之的。大家只盯著這個對策脣槍舌戰，完全忽略了其他方案的可能性。

話說回來，再怎麼思慮周全，世上沒有十全十美的解決方案。只要是人想出來的點子，就不可能萬無一失。浪費力氣爭論對策的缺失，對於解決問題根本毫無益處。因此，批評對策本身就沒有任何意義。

首先，我們應該列出所有可能實施的對策，某些看起來超乎常規、不可行的方案，有時反而隱藏亮點，可以靠腦力激盪，集思廣益。

總而言之，會議準則中應該加列一條，嚴禁惡意批評。面對解決方案，我們該做的不是說三道四，而是站在客觀的立場，討論內容的得失利弊。

**提問四：**

任何解決方案必定有利弊得失。世上沒有一個方案有利而無弊。然而，領導人仍然必須發揮魄力，做出抉擇。與錯誤的決策相比，猶豫不決更具殺傷力。因此，決斷的時候必須當機立斷，切忌拖泥帶水。再怎麼高瞻遠矚的決斷，如果躊躇不前而錯過時機，那麼下不下決斷都沒有差了。

最後，請容我追加提問五，那就是「結果」。決定執行對策以後，還應該確認結果是否按照預定發展，如果不如預期，就檢討哪個環節出錯，然後研擬接下來的對策。

**問題、原因、對策、決定與結果的過程，就是決策的五大階段**。

事實上，我透過這套思維研擬出檢討對策的會議流程，成功幫助不少公司發掘問題，解決問題。斐然的成果讓我確信，這套思維與做法，才是解決問題的捷徑。

第 4 章

# 績效的最大破口，多半出自管理層

# 1

# 組織架構要像阿米巴蟲，隨時變來變去

關於企業組織，杜拉克在他的著作《彼得．杜拉克的管理聖經》中，有一個相當有趣的比喻。以下就讓我為大家介紹一二。

在十七世紀以前，外科手術不是由醫生操刀，而是由理髮師負責執行的。不過，這些與其說是醫治，其實只不過是他們如法炮製當學徒時學到的三腳貓功夫。當時的醫生都曾宣誓，即便遇到任何狀況，都不得傷害人體，甚至連手術過程都不應觀看，更遑論開刀。

不過，根據行規，開刀手術仍須在專業醫生指揮下進行。因此，醫生大多坐在高檯子上，一邊朗讀拉丁文經典，一邊指示理髮師該怎麼做（當然聽不懂拉丁語）。不用說，如果手術失敗，出了人命，一定都是理髮師的錯；如果把病人救活了，則是醫生指導有方。但無論病人是死是活，醫生都拿走了大部分的酬勞。

以組織理論來說，故事中的醫生相當於學者的角色，而理髮師就是經營者。學者其實什麼都不懂，卻在經營者面前高談闊論，而這些經營者雖然不懂理論，卻把這些理論套用在公司營運上。

事實上，經營者只想了解自家公司適合什麼樣的組織型態，但學者說來說去都是那一套組織理論。

兩者間的落差是從哪裡產生的呢？答案相當簡單。因為學者的理論就像旱鴨子學游泳——動動嘴皮子，光說不練。可是，有許多成功的企業家，即使不懂得學者們口中的理論，卻依然能將將公司經營得風生水起。

例如，本田技研工業㉒的董事長本田宗一郎，就曾在他的著作《奔馳人生》（スピードに生きる，實業之日本社刊）中，如此寫道：

說到組織，我們公司絕對是業界的笑柄。不，應該說是我對於組織型態從來就不滿意。因為不是組織夠強大，員工就能跟著幸福。煤礦工人就是最好的證明。

日本曾有一家大企業，規模很大卻搞到發不出薪水，逼工人上街頭抗議（三井三池煤礦罷工事件㉓）。這家企業因高舉組織大旗，最後走上倒閉一途。企業如此，個人也是如此，只要偏離軌道，總有自食惡果的一天。什麼都依賴組織的話，員工就不會有所成長。

當然，一切皆由組織主導，可以讓員工一派輕鬆，但這同時也是其能力平庸的證明。儘管，對於上班族來說，有組織才有工作，但我認為，過分依賴組織亦值得戒慎恐懼。我們公司最近也因規模擴張，致使面臨組織管理問題。

組織至上論的人如果看到這段話，不知有何感想？

接著，讓我們來看一看日本藥廠森下仁丹的董事長森下泰㉔是怎麼說的。

最近，我去了趟美國，學習公司管理。回來以後就學著安插幕僚、專員或者直線主管，希望藉此幫助公司脫胎換骨。

可惜，事與願違。這些理想的組織架構對於東洋人造絲，或八幡製鐵之類的大企業或許派得上用場，卻不適用於像我們這種規模的公司。

說來慚愧，最近我們還裁撤了不少部門。

經由這個教訓，讓我深刻體認甲之熊掌，乙之砒霜的道理。別人的組織型態不一定適用在我們身上。

——摘自《近代經營》，一九六四年十一月號，中小企業臨時增刊號。

以上這段話，可是一家出自一位擁有一千六百位員工的老董口中，實在值得中

---

22 簡稱本田或HONDA，是日本跨國交通載具及機械製造公司。

23 指一九五三年、一九五九年到一九六〇年間，在九州福岡三井三池煤礦所爆發的一連串勞資糾紛。日本過去罷工多，是因為工人和工會的力量強大，卻也令萬餘名勞工損失薪資。

24 祖父森下博為森下仁丹創業者。

小型企業警惕。因為公司規模越小，越容易被似是而非的組織理論誤導。

話雖如此，這並不代表組織理論毫無價值。事實上，只要有組織，就需要組織理論。而組織理論不能只是一種觀念，而是要汲取更多實戰經驗。

另一方面，傳統組織理論還有一個迷思，那就是，內部管理問題必須藉由各種功能性職務分析（Functional Job Analysis，**以工作為中心的分析法，又稱職能分析**法），才能做出下一步的決策。

於是，幾乎所有的管理者都將職能（Competency）納入績效管理制度，什麼都跟「職」這個字扯上邊，例如：職務、職位、職制（按：組織制度）、職責、職權或職階。然而，去除這個字以後，傳統的組織理論就只是空蕩蕩的大道理。

以職能來說，傳統的定義為影響個人工作的知識或技能，因此對於管理者來說，統一職能基準有利於組織發展。

然而，在這種**職能型組織下**，員工會以為，只有發揮職能才能達成公司目標，因此**反而將個人績效，凌駕於公司整體利益之上**，使得考核評估最後僅淪為員工們相互較勁的工具。

一旦事情演變至此，便難以補救，因為當每個人都只專注在自己的領域，整天想著如何精進專業技術與學習各項知識，公司自然只能培育出一群目光短淺、缺乏經營概念的庸才——公司經營不過是專業技能與部門管理。

事實上，許多經營學也都圍繞在這兩項議題上，然而這些論述即使與管理學沾得上邊，實與經營學毫不相干。

除此之外，以職能為導向來評估職能型組織是有難度的，因為每個人的工作目標不一。即便設定了工作目標，也缺少公正的評比機制，讓大家公平競爭。

不少經營者眼看著管理部門膨脹，卻束手無策，其實就是掉入職能導向的陷阱。再加上部門主管只要祭出專業意見，高層只能照單全收，於是管理部門的規模逐年擴張，但公司的業績卻是逐年下降。由此可見，一切完全是組織理論強調職能至上，所引發的惡果。

所謂組織，就是為了達成公司的事業目標，組成的工作團隊。換句話說，組織的架構是為了事業的目標應運而生，一旦缺乏明確的事業目標，組織就是個外強中乾的空架子。

忽略了這個基本理念，卻一味的歌頌組織，根本就是完全搞錯方向。如果不能認清這個事實，組織終有一日成為事業的不可承受之重。

## 兩種角色：經營者、執行者

接下來要說的，是一家擁有四百多名員工的中小工廠。他們向來只接母公司的訂單，但因為母公司不斷調降進價，讓他們面臨虧損的危機。董事長為了扭轉危機，於是想出兩個對策：

1. 拓展業務，開發新客戶。
2. 提高生產效率。

為了配合新的對策，董事長下令由負責生產的常務董事，擔任業務部總經理。然而，如此一來，生產部門可就麻煩了。

過去生產部門的組織層級為：董事長↓常務董事↓總經理↓經理。因為以推廣業務為優先，將原本負責生產的常務董事調去管業務。於是，生產部門便交由總經理全權負責。不過，這位總經理的能力還不足以掌控全局。董事長想了又想，決定裁撤生產部門，讓各部門的經理直接向自己報告，不過為期一年，並由董事長親自上陣，在生產部門監督。

這家工廠的產能過去之所以無法提升，就是因為組織層層架構，無法貫徹董事長的指示（按：傳統的金字塔式組織架構，因管理層次過多，傳遞信息也較緩慢）。另外，生產部總經理無法遞補空缺也是問題之一。一旦排除了這兩個因素，產能自然逐漸提升。然而，此時內部卻開始出現雜音。就連董事長的友人也紛紛跳出來苦勸或批評：「這麼一來，組織不就像阿米巴經營㉕（Amoeba Management）了嗎？公司還怎麼經營得下去？」

㉕由稻盛和夫在創辦京瓷公司期間，所發展出來的經營方法，也稱變形蟲經營；指企業組織可以隨著外部環境變化而不斷「變形」。

董事長的改革讓組織理論陷入困境。他再三思量以後，不到三個月又將組織架構改了回去。生產部門雖然起死回生，卻找不到人接替總經理的位子。董事長無奈之下，只能隨便找個人安插上去，好不容易提高的產能又一路下滑。

理想的組織型態其實不難建立，難的是，如何把對的人，指派在對的職位上。一旦押錯寶，再優秀的組織也發揮不了作用。

組織如此，部門亦如是。一個部門缺乏合適的主管掌舵，等同名存實亡。連這麼簡單的道理都不懂，卻整天將形式主義（按：formalism，只看事物表面，而不分析其本質）掛在嘴上，真不知道這些理論派是怎麼想的？

公司的組織架構不應該沉浸於理想，或者拘泥於形式主義，應該配合實際狀況與經營目標，自有一套系統與框架。甚至可以說，組織型態對於公司來說根本不重要。如果照著組織理論依樣畫葫蘆，便能鴻圖大展的話，世上還有公司會倒閉嗎？的確是有人不甩組織理論那一套。有一家專門生產香菸打包等自動包裝機的T工廠。公司規模不大，資本額一億一千萬日圓、員工四百名。這家公司沒有所謂的總經理或經理，有的只是經營者與員工的區別。對於奉行理想主義與形式主義的日本來說，簡直是跌破業界的眼鏡。

不過，這家工廠也不是一開始就特立獨行。事實上，直到一九六二年，他們才重整組織。撤除這些主管以後，業務、研發與倉庫等工作由各個工作小組負責；而總務與一般事務，則由公司的董事接手。沒想到這個分工制度還蠻管用的。

這家工廠並不是為了提高業績，才打破傳統的組織結構，而是董事長將企業和員工視為命運共同體，並將其經營哲學落實於組織改革之中。

公司是時刻變動的，其中之複雜，還包括經營者的理念與各種人為因素。由此可見，那些徒有形式的理論根本站不住腳。

舉例來說，以生產摩托車聞名的本田技研工業，他們的鈴鹿工廠（按：位於日本三重縣北部的工廠）除了廠長以外就是員工，沒有所謂的副廠長或總經理之類，取而代之的是二十幾位經理。從形式主義的觀點來看，這種做法同樣是很大的突破。寫到這裡，請容我為自己偶爾的言詞激烈，致上十二萬分歉意。因為每每說到這些案例，我總是忍不住拉高聲量，提醒大家形式主義絕非組織架構的正道，因循苟且的公司也開闢不出一條康莊大道。

# 2

# 不敢冒險的企業，最危險

有些人以為組織就必須四平八穩，力求各方面的平衡。例如，戰後推動「直接成本法[26]」（Direct Costing），對商界貢獻卓著的今坂朔久，便將這種思維稱為財會思維。他認為，企業的營運方針或者業務推廣，如果比照借貸平衡的概念，反而適得其反，而且後患無窮。

一提到均衡這兩個字，向來代表往好的方向發展。殊不知，均衡穩定其實是組織保守不前的象徵。

任何優秀或成長型的企業，都能跳脫均衡發展的迷思，並且在各方面力求突破。這是因為，欠缺平衡的困境，才能刺激企業蛻變。

這就好比發育中的孩子，在青春期卻長不高一樣。這些孩子或許外表尷尬，卻不是身體出了什麼問題。事實上，企業也是同樣道理。越是欠缺平衡的公司，進步的空間也就越大。

當孩子發展逐漸成熟，身體便會停止成長。企業的發展也是如此。由此可知，過於注重組織的平穩發展，不過是揠苗助長。為了一時的安穩，寧可放棄更遠大的未來，實在是得不償失。

一個組織即使不夠平穩，也不代表營運出了問題，反而是幫助企業破繭重生的重要關鍵。

凡是高瞻遠矚的董事長都懂得運籌帷幄，因此不免讓公司的營運頭重腳輕，但那些各方面平衡發展的公司，卻也不一定能在競爭激烈中脫穎而出。所謂優秀的組織，指的不是四平八穩，而是為了達成目標，知道如何集中力量，或者拿出相關策

㉖只把產品生產耗費的直接材料、直接人工和製造費用計入產品成本的方法。

略與魄力。

雖然這樣的組織往往頭重腳輕，但組織的平衡與發展，其實就是正與負的循環模式——打破原有的均衡態勢，創造另一個新的平衡。趁著內部磨合，挑戰下一個目標，再一次打破均衡態勢，如此反覆運作下去。

能隨機應變的經營操作，才是企業家的本色。一味的追求四平八穩的組織，只能在灰色地帶盤旋，永遠找不到另一片事業藍海。

總而言之，企業要向上成長，就得破壞、平衡再破壞。唯有如此才能飛得更高、走得更遠。

# 3

# 無論主管有無授權，每個人都要對工作負責

在傳統組織理論，總將責任與權限相提並論。

其實，這種主張和財會思維很類似，也是借貸必須平衡的一種概念。在日本已行之有年。

但實際上，這項主張卻是讓經營者焦慮、侵蝕員工靈魂的毒藥。因為每個人都可以把這個當作推卸責任的藉口。或許有些人會想：「那還用說嗎？責任當然必須與權限掛鉤。主管沒授權，出事憑什麼要員工負責？」然而，這些說法其實都是歪理，一遇到現實根本就無濟於事。

如果責任必須與權限掛鉤的話，就應該有一個共通的標準，以便衡量兩者的相

對責任。一旦缺乏衡量標準，又怎麼能客觀的就事論事？

那麼，這個衡量的標準到底為何？遺憾的是，至今尚未有確切的方法。話說回來，如果沒有客觀的標準，又要怎麼衡量兩者的關係？說來說去，只能憑個人的主觀意識。

於是，職場便上演各說各話的戲碼。主管自認下放權限，部屬卻抱怨主管改不了攬權的習性。或者是，無法完成工作的時候，大家就拿沒有權限怎麼負責來為自己辯解。即便是兢兢業業的員工，只要知道最後關頭，還有這麼一張王牌，誰也不會將負責任當一回事。久而久之，還可能讓員工養成不用負責、也不努力工作的擺爛心態。英國經濟學家凱因斯（John Maynard Keynes）口中的「愚人的天堂」（fool's paradise），指的就是這麼一回事吧（按：指因資本主義的盛行，人們只是為了生存，而出賣自己的勞力）！

這種過度簡化的責任與權限，讓員工一遇到追究責任的時候，便將矛頭指向主管。問題是主管之上還有上級，歸根究柢就是經營者的問題。但這難道不是欲加之罪，何患無辭？

話說回來，這些經營者也不能將責任撇得一乾二淨，因為他們從未反思問題的來源。例如，自己是否善盡領導的責任？推動業務是否順利？內部的人際關係是否令人滿意？事情之所以演變至此，就是經營者自食惡果罷了。

那麼，責任與權限到底是什麼關係？

關於這一點，我們不妨看看今坂朔久在《管理建言》（マネジメントへの建言，日本能率協會出版）一書中，是怎麼說的。

加州大學的經營心理學家梅森．海爾（Mason Haire）教授曾說，對於企業的營運而言，職務的權限必須伴隨責任，但這不過是組織理論的神話，更是我們腦海中根深柢固的迷思。

以一般的社會型態來說，最典型的不外乎是家庭親子關係。身為家長，照顧子女雖然是父母應負的責任，但也不能無限上綱。更不能因為不聽話，讓他們餓上一頓替代體罰。難道不懂世事的子女就得按照父母的規矩，說一是一，說二是二？即便父母的養育之恩再深厚，親子之間還是有一道不可逾越的底線。

這樣的例子在日常生活中，比比皆是。小至某個宗教的信徒或者俱樂部成員，大至社會的一分子，每個人肩上的責任往往比權力來得多且重。然而，卻只有企業堅信責任必須等同於權限。有時候，我都不禁好奇，這項說法到底有何根據？

就算果真如此，責任與權限之間又該如何拿捏？梅森教授舉過一個相當不錯的比喻。

例如，主管要求小林，下個月起必須多負責幾個區域，而且業績目標調高一倍。那麼這是否代表他的行情水漲船高，手上的權限也跟著增加？如果是的話，又從何證明？是交際費翻倍，可以招待大客戶夜夜笙歌？還是出差費加乘，出入不是商務艙，就是五星級飯店？

然而，現實總是比我們想像來得嚴峻。當公司資金周轉不靈的時候，開源節流是必然的。於是，交際費、出差費能省則省，但業務員仍然必須背負業績壓力。由此可知，責任與權限並非一加一等於二的算術題。硬是將兩者掛鉤，不過是痴人說夢，搞不清楚狀況而已。

遺憾的是，我們長期以來仍深陷責任等同權限的迷思，甚至因而忽略了商場的現實與嚴峻。

現實是什麼？現實就如同今坂告訴我們的，在社會生活中，到處都是責任，卻不一定擁有權限。而且，這已是不容否認的定律。試想，公司既是社會的一環，每個人又該如何置身事外？

在群體生活中，即使沒有半點權力，也逃脫不了基本的社會責任。企業也是同樣的道理。**無論權限有無，都要對自己負責到底。身為公司的一員，必須認知責任高於權限，才是正確的工作態度。**一旦欠缺這種認知與負責任的態度，即便手上握有再大的權限，員工也會逃避責任。事實上，責任與權限關乎的是工作倫理，與那些高深的學術扯不上半點關係。

或許有人會想：「不是吧，那員工還有退路嗎？」沒錯，這就是所謂的職場倫理。無論有沒有權限，我們都得負起責任，完成主管交辦的任務。理由無他，因為適者生存是商業競爭的叢林法則。這種不計一切的努力，往小處說是確保公司的營運與發展；往大處看，則是維持社會的長治久安。

# 有責任、無權限，可能嗎？

不少人都認為，自己權限一把抓，有事卻要部屬扛的主管很不可取。不過，會這樣想的人，大多是因為對企業經營缺乏概念。

透過前面的說明，相信各位已經了解，是否下放權限，或者下放多少權限才能讓部屬完成任務，對於主管來說根本是個無解題。

換個角度來說，主管又不是神人，性質越重要，越需要求新求變的工作，如何未卜先知的給出權限？尤其當課題涉及改革與創新，往往必須打破過去的慣例，因此事態如何發展，誰也抓不準。對於無法預測的未來，要求主管放手讓部屬自己獨當一面，也未免不盡公平。

事實上，能夠讓部門主管，乃至公司高層安心放手的，大多是有例可循的例行性作業，也就是不會對企業造成影響的工作。

反過來說，倘若主管在交辦工作以前，凡事都得事先交出權限的話，那麼後果絕對不堪設想。

首先，別說是公司的經營者了，即使只是一個小主管，誰會把時間與精力浪費在這種繁雜瑣事上。尤其老闆的行程都是馬不停蹄，更何況越是優秀、求新求變的企業家，每天更是忙得不可開交。如果連這點小事都得讓老闆親自出馬的話，不免招來過度管理的批評。

話雖如此，還是有些經營者為了讓部屬負起應負的責任，不惜將寶貴的時間浪費在這些小事上，如此本末倒置才是問題。

這樣的經營者不僅欠缺積極前瞻的魄力，甚至過於保守消極。總而言之，這些人左右著企業的前途，卻未能盡到自己的職責，與善盡掌舵者應負的責任。

然而，多少優秀的企業家就是掉入責任等同權限的陷阱，**誤以為尊重部屬、無為而治才是經營者的角色**，反而限制公司發展的可能性。這種迷思就是我常說的，不食人間煙火的理想主義。

老實說，我還挺好奇的，事事以部屬為重的好老闆與雄心壯志的梟雄之間，各位讀者選擇哪一邊？

# 4

# 中階主管不要向下取暖，要向上管理

前面的案例已說明，責任與權限並非一加一等於二的算術題。預設立場下放權限，絕對是主管的禁忌。與其浪費時間糾結在權限的問題，倒不如回歸正題，努力完成上級交代的指令。

話說回來，沒有權限的話，員工又該怎麼發揮，負起應負的責任？其實，答案很簡單。即便是一個小螺絲釘，手上無任何權限，也應該堅守崗位，對自己的工作負責到底。這種不計得失的態度才是工作的原動力。

只要是工作，就一定會面臨大大小小的抉擇。而職場人士該做的，就是根據自己的職責，思考有哪些問題能夠由自己作主。

一旦遇到職責以外的問題（關鍵所在），應該主動向主管報告緣由，並為自己爭取工作權限。例如：「報告經理，這個專案目前遇到這些問題，能不能讓我自己處理？」換句話說，只有實際的需求才能說服主管。當部屬能提出具體的要求，主管才能夠判斷是否下放權限，甚且是透過主管再向上爭取。

**所謂權限，並非只能被授予，而是要靠自己積極爭取**。但主管下放權限的時候，許多員工總是自得意滿，卻從未想過自己仍是被動的一方。其實對於主管而言，只要部屬可以順利完成交辦任務就可以了。所以，為人部屬反而必須認知，**一旦遇到瓶頸，記得隨時匯報，為自己爭取更大的工作空間**。總而言之，工作的權限全憑自己爭取，沒有權限並不足以作為逃避責任的藉口。

或許有人問，如果大家都各司其職，不就天下太平了？哪需要爭取什麼工作權限？其實，理由也不難理解。這是因為部屬多分擔一些職責，才能讓主管空出時間運籌帷幄。

於是，經理的工作主任搶著做。經理的時間多了以後，就幫總經理分擔。演變到最後，董事長的工作都由總經理代理。

一切的一切都是為了讓董事長有大把時間，思考如何帶領公司往前走。於是，表面上為主管分憂，實則將工作攬過來自己做，幾乎成為部屬的職場定律。

## 你的職責不是向下取暖，而是向上管理

接下來，讓我們從管理階層的角度，思考何謂權限下放（個人以為這種說法十分值得商榷）。

有人主張：「不懂得放手的主管，等於拖住部門的後腿，會影響到企業的經營績效。」或是「要部屬扛責任，就得下放權限。」這些說法，無非強調沒有士兵，哪來將領的邏輯。

問題是這樣的邏輯根本是本末倒置。試問，沒有主管作為將領，怎麼指揮手下的士兵衝鋒陷陣？

職場中，有不少主管非常善解人意，為了展現自己與基層站在同一陣線，成天不是為了員工著想，就是對部屬照顧有加。然而，**部門主管的職責並非向基層取**

**暖，而是以高層的想法為第一考量**。最重要的是，不是向下管理，而是向上管理。換句話說，一切的作為都必須「為了主管著想」，將主管「怎麼說」與「怎麼想」放在心上。事實上，達成企業目標靠的不是討好手下，而是執行高層的意志。如此簡單明瞭的道理，大家卻視若無睹。

那麼，難道從主管的角度下放權限，對公司發展半點好處都沒有嗎？也並非全然如此。經營者（含高階主管）為了運籌帷幄，只好讓部屬分擔部分職責，便是其中之一。

不進則退是企業永恆的宿命。什麼事都得親力親為的經營者，往往會因此而綁手綁腳。想要邁開步伐，除了放手以外，沒有第二條出路。事實上，這也是部屬之所以存在的理由。

董事長為了有更多時間，帶領公司往前衝，便將業務託付給總經理處理；總經理為了完成董事長交辦的業務，不得不將分內的工作撥出一部分給部門主管分擔。對於企業而言，這就是權限下放的背景與倫理。

多虧有這種從上而下、一環扣著一環的分工，才能讓公司這艘船在茫茫大海中向前行駛。

此外，什麼都一把抓（不等同獨裁）的主管，之所以會每天忙得焦頭爛額，沒時間思考部門策略，是因為部屬什麼都不用做，只會等主管去做（這才是關鍵所在）。因此，在下放權限以前，必須審慎思考，才是積極正向的態度。

## 職責分配，永遠都有灰色地帶

如果我說：「工作的責任歸屬，必須劃分清楚。」相信沒有人會跳出來反對。但其實，這種說法值得商榷。因為，一不小心就會有權責不清的問題。

那麼，問題出在哪裡？是這句話有語病，還是解釋得不夠徹底，或者意思遭到扭曲？責任到底該如何歸屬？

答案不外乎是：首先要建立組織架構，然後再根據工作內容來劃分責任範圍。不過，這樣就能清楚劃分嗎？顯然並非如此。

以棒球來比喻的話，組織與職務的配置，就像守備位置與範圍的關係。

那麼，一壘手與二壘手的防守範圍該怎麼劃分？老實說，棒球場上並沒有這條分界線。職場也是同樣的道理，權責分配打從一開始就不可能劃分清楚。即便勉強去設定分界線，也不一定能夠具體落實。

能夠明確劃分的，不外乎一些基本的例行性事務。就像在棒球比賽開始以前，決定內外野手的防守位置一樣，自有其必要性。例如，棒球飛到一壘手或二壘手的眼前，只要這個選手在狀況內，就不會漏接。

但問題就來了，當這顆球飛到一壘手與二壘手之間的時候，該怎麼處理？接不到，總不可能跟總教練說：「因為這邊不是我的防守區域，所以漏接不是我的問題。」這樣的職業選手，應該會被下令捲鋪蓋走人吧。

重點在於，在緊要關頭，處理方式是否妥當。外野手的一個失誤，可能讓整個球隊錯失九局下半的反攻。員工的一個不小心，也可能是造成公司虧損的主因。

對於棒球選手而言，「防守範圍不夠明確」無法作為搪塞責任的藉口。這麼簡單的道理，卻在企業中公然橫行。原因無他，因為大部分的人都是這樣想的：「千錯萬錯都是經營者與主管的錯。誰叫他們不事先想好責任區分？」

這就是責任必須劃分清楚帶來的盲點。在我的職業生涯中，不知道看過多少公司因為這樣的謬論而自食惡果。

企業內部的問題，往往不是來自於責任或者權限劃分不夠明確，而是一些無可避免的模糊地帶。

那麼，此時又該怎麼處理呢？

當一顆球飛到一壘與二壘之間的時候，一壘手與二壘手難道要面面相覷，站在原地嗎？奮不顧身的衝出去接殺，才是防守的意義。職場也是如此。遇到問題時，即使第一時間無法釐清責任歸屬，但總有相關的部門與人員。這個時候，大家可不能推三阻四，而是要抓緊時機，判斷情勢，群策群力的商討因應對策。這就是職場的唯一定律。時而大家一起承擔、時而自己一肩扛起，或者有他人助自己一臂之力。就好比一顆高飛球往二壘手的方向直飛而去的時候，游擊手、二壘手與中外野手必定同時奮力接球。

換句話說，千鈞一髮之際，沒有所謂的責任區分，只有如何完成使命。就如同職場上，主管或者同事適時的建議，常常在關鍵時刻幫助我們下定決心一樣。

棒球場上雖然沒有明確的防守劃分，但這對於選手來說並不重要。因為只要上了場，唯一的目標就是同心協力，打出一場漂亮的勝仗。

這個道理一到了職場，卻跳脫不了責任必須等同於權限的成見。

人類是群體動物，為了生存必須不分彼此，同心協力的朝著目標邁進。這個時候重要的是，眾志成城的意志力與破釜沉舟的決心。

# 5 一個主管最多能領導幾位員工？

組織中，有一個「管理幅度」（Span of management，也稱控制幅度）的理論，是指「管理者所能有效管理的部屬人數」，亦即管理人數是有限的，不少人也都有這種根深柢固的想法。

這項理論最早由法國管理顧問葛列卡納斯（A.V. Graicunas）於一九九三年提出。他認為，主管的手底下每多一個人，上下關係就越發複雜（如下頁表 4-1 所示）。與其將寶貴的時間浪費在內部溝通，倒不如將部屬控制在六個人左右，更能提高工作效率。甚至有人建議，四到五個人是最理想的人數。

套公式得出的數字（人際關係）高低，似乎才是大家關心的焦點，但其實這些

$$\gamma = N\left(\frac{2^N}{2} + N - 1\right)$$

其中，$\gamma$ 為可能存在的人際關係數，$N$ 為管理幅度

## 表4-1　管理幅度

| 管理幅度 | 2 | 3 | 4 | 5 | 6 | 7 | 8 | 9 | 10 | 11 | 12 |
|---|---|---|---|---|---|---|---|---|---|---|---|
| 可能存在的人際關係數 | 6 | 18 | 44 | 100 | 222 | 490 | 1,080 | 2,376 | 5,210 | 11,374 | 24,708 |

數字根本毫無科學根據。

例如，A主管手下原本有十一個人，有一天來了一位新人。僅僅因為多了一個人，人際關係數就能快速攀升嗎？就實際狀況來說，這是不可能的。事實上，這個公式是以預設各種狀況同時發生為前提。但職場中，哪來這麼多複雜的上下關係？即便有，也不可能同時發生。

職場中，人與人之間難免有摩擦。然而，也不會因此就影響工作進度。更何況，許多部門都有人手不足的問題，是不爭的事實。

儘管如此，我們仍然跳脫不了這個迷思，這無非是受到數字的影響所致。

首先，管理的難易度除了部屬的人數多寡以外，還有其他主要因素。因此，將問題歸咎於部屬人數，根本就是以偏概全。

我因為工作的關係，時常接受經營者與高階主管的諮詢。老實說，還從未有人跟我抱怨：「我要管的人太多。」

我記得自己當採購經理的時候，最多一次管理過十七名員工。即便如此，我也沒有因為底下人太多而傷透腦筋。

例如，前面提到的本田技研工業，廠長手下的直屬經理就有二十幾位，還不是管理得十分妥當。事實上，類似的案例不勝枚舉，不由得讓人懷疑管理幅度的可信度。與其被知識理論牽著鼻子走，倒不如透過實務工作來驗證。

真正讓主管頭痛的不是手底下的人太多，而是部門的業務繁多。「業務太多，人手不夠」，其實才是他們傷腦筋的原因。

事實上，部屬的人數與管理幅度無關，重點在於管理的責任區（Span of Managerial Responsibility）。

管理的責任區，指的是主管透過指導與監督，確保部屬達成工作目標的責任範圍。這個責任區沒有一定的標準，主管的能力與部屬的承擔能力等因素，都會影響責任的範圍。因此，在狀況尚未釐清以前，就將所有問題歸咎於人手不足，實在不是明智之舉。更何況官做得越大，要負的管理責任當然也就越重。

無論如何，管理幅度計算出來的部屬人數，絕對比管理責任區來得少。即便如此，還是有人提倡精簡人數。如此一來，手底下的人當然不夠。於是，做主管的不是自己親力親為，就是在一旁下指導棋。最糟糕的是，演變到最後單位叢生，讓內部組織趨向複雜化。

面對如此亂象，主管應該考慮自己的管理責任區，而不是將重心放在管理幅度——該有多少部屬才合理。

事實上，比起刪減部屬的人數，增加人手才真正符合工作效益。唯有如此，才能避免內部組織層層架構、單位越來越多的困境，也唯有如此，才能達到精簡組織的目的，讓內部溝通更加順暢。主管不再有閒工夫下指導棋，甚至攬下所有工作。就算他們想主導，也必須放手。

更重要的是，當高階主管被賦予重責大任時，為了達成高層的期許，往往需要花費比平常多上好幾倍的心力，然而，這份期許一旦落空，主管就沒有資格繼續留任。因為，連高層下達的任務都無法順利完成的人，要如何更上一層樓？

根據管理幅度的理論來看，高層的責任區比一般主管來更廣泛。對於那些不思進取的人來說，即使有心也絕對無法勝任。

## 提高員工績效：垂直整合組織分工

說起來，職場中有不少工作困擾，都是因為組織的不成文規定所引起。例如同質性作業的分工就是其中之一。而難就難在，裝睡的人永遠叫不醒。

不過，到底什麼是同質性的工作？接下來，我們還是恭請杜拉克開示吧！

企業必須整合由相關技能組成的功能型組織，反而會讓功能型組織原本的作用無法得到發揮——組織應隨著經營過程而改變。最常見的，莫過於會計部、工程部這兩個部門，最能夠突顯這種思維的謬誤。

事實上，這些功能型組織就像一顆定時炸彈。例如，會計部總是與其他部門起衝突；而工程部則難以設定目標，且績效不好。而這些情況也絕非偶然。

典型的會計部至少具備三種不同的功能。之所以把些功能併在一起，是因為會用到同樣的基本數據，同時需要計算能力。

首先，是提供充足的相關資訊，以加強各部門的自我管理。其次是，為公司的財務與稅務把關。第三是，資料的記錄與保存。由此通常還會衍生出第四項功能，那就是商業簿記的功能，也就是所得稅、社會保險費及各種繁瑣的報表。話說回來，這幾種功能背後的理論基礎與概念，也不盡相同。

這就好比將財務會計的概念，硬生生的套用其他功能，例如管理資訊，不但會造成會計部內部紛爭，還可能與其他部門產生衝突。

同樣的，典型的工程部除了要進行長期基礎研發（Basic Reserch）、產品設計（Product Design）、服務工程（Service Engineering）、工具設計（Tool Design）與工廠工程（Plant Engineering）以外，也涵蓋維護工程（Maintenance Engineering）與建築技術（Building Engineering）等工作。這些專業的工程師，有的必須創新，有的需要行銷，有的還得涉及製造，甚至是固定資產的維修——也就是，與財務有關。

以上功能都有一個共同點，那就是使用的基本工具一樣，但技能面卻不太一樣。只是因為工程（Engineering）這兩個字，結果就造成了一發不可收拾的局面。總而言之，沒有人能訂出明確的工作準則，也不知道自己對公司的期望，甚至不知道自己該為了什麼而工作。

今天，有許多大企業意識到這個問題，開始檢討工程組織。比起內部共通的基本工具，這些公司更希望根據工作的邏輯，來安排職務。另一方面，也致力於與傳統的會計做切割。

換句話說，就是與個人的技能無關，而是單就工作邏輯，來區分傳統會計功能。這些對策對於事業的組織而言，都是刻不容緩的當務之急。

——摘自《彼得．杜拉克的管理聖經》

一般來說，以上是大企業才會有的問題。但在日本企管界，卻因為直接套用國外的組織理論，導致客戶不管規模大小，都陷入同樣的困境。

更糟糕的是，每個部門都只注重技能與業務，造成內部管理混亂。

接下來讓我們來看一看案例吧。

某家公司將採購部門分為計畫組、推廣組與記帳組。乍看之下，似乎沒有任何問題，都是屬於採購流程的一環，且各司其職。然而，事實並非如此。

比方說：計畫組總是未經討論，就向外部廠商下單；推廣組應該主動跟催交貨，態度卻十分消極；記帳組則是一板一眼，只依單據安排付款。另外，推廣組和計畫組的溝通不良，也導致雙方經常在採購數量上不一致。雪上加霜的是，由於記帳組盤點倉庫太慢，推廣組只好先用便條紙記錄存貨狀況，可是因為訂單仍然經常缺貨，他們後來乾脆自己建庫存表。

老實說，這也是不得已的做法。因為推廣組並不清楚缺貨到底該由誰負責，或者該怎麼改善。

這就是同質性作業分工的實際狀況。就作業內容來說，計畫組、推廣組與記帳組的作業性質確實相同。然而，就採購業務來說，仍然欠缺整合。

這家公司為了收拾殘局，最後將計畫組、推廣組與記帳組合併為採購組。然後，按照經理簽發的採購單，從下單、跟催到記帳一氣呵成。換句話說，就是異質採購的整合與分擔。

當我們**把重點聚焦在同質性作業的時候，自然能增進作業效率**。然而，作業效率與工作流程順暢是兩碼子事。不，更正確的說法是，一味的追求整體效率，反而干擾工作流程。所謂工作，就是將不同性質的作業串聯起來。然而，一旦要將同質性業務進行整合，相對就會使得工作流程被切割、變得零碎。尤其，每換一次承辦人，就得從頭再聯繫。或許有人會想，那就加強聯繫溝通。問題是一味的配合對方，往往很難掌握主導權，儘管這是職場現實所致，並無關對與錯。

但相反的，如果能將業務垂直整合（Vertical Integration，指企業在同一產業鏈兼營上游或下游業務，以增加經營效率），便無須橫向溝通。承辦人員能對自己的業務負責，公司也容易判斷工作績效的高低。業務整合伴隨而來的責任感，能激發我們的工作動力與成就感，進而感受人生的價值與意義。

請容我再次強調，提高員工績效的最佳辦法，就是採用垂直整合，使員工能夠快速獲得回饋。

同質性作業的分工不過是忽視工作流程、忽視人性的理想主義。各司其職對於組織固然有其必要，但重要的是方法。工作不能隨意劃分與切割。即便非細分不可，至少也要明確劃分承辦人員的責任範圍。

然而，更重要的是，必須時時刻刻思考，如何整合作業分工，讓員工勇於挑戰自我。唯有透過層層的試煉，才能夠激發員工的責任感、提升工作績效，同時更上一層樓。

例如，工廠一開始引進輸送帶的時候，也曾經引起基層一片反彈，不過作業整合了以後，就不再出現雜音。從其他層面來說，同質性作業的分工更是弊多於利。

例如，將管理幅度與直線職權（line authority，賦予管理者指揮其部屬工作的職權）相提並論，導致組織的劃分越來越細、職能日趨專業化，於是員工越來越多。這種現象對於大公司，或許不會造成太大的問題，但換成中小企業的話，一旦管理部門的員工急速擴增，就會對公司營運造成影響。

一般說來，公司的管理部門很少會同時忙得不可開交；也不會有哪個部門一年到頭特別忙。反之，特定的部門倒是有可能因為遇到旺季，需要其他部門支援。

只不過，別的部門不一定會樂意幫忙。即使調動人力，也可能因為不熟悉業務而礙手礙腳，到頭來雙方反而鬧得不愉快。

最好的辦法是，避免部門或者承辦人員的職責劃分太細，為高階主管留下適時調度的空間。如此一來，不僅可以解決人手不足的問題，還能提高進度控管與用人的能力。而部屬也能參與各種類型的工作，學習如何完成主管交辦的任務。日立製作所或東洋人造絲之所以大幅合併部門，就是最好的證明——透過管理部門的刪減，提高工作效率。

我不知道看過多少中小型企業，員工頂多一、兩百名卻還將總務與勞務分開、工程計畫與日程管理由不同的單位負責，或者生產技術組與檢具設計（提高工人檢驗產品的速度，簡化檢驗的方法，還有降低檢測人員的技術要求）組各自安排一位主管之類。

對於中小企業而言，更應該破除傳統的成見，思考如何提高工作效率。學而不精，反而會降低工作效率。

# 6

# 你說這是組織分工，我看就是部門主義

不少人主張「職責分工必須清楚，否則就會影響工作進度」，於是便衍生出職責相關規定。

不過，請恕我直言，我從未看過哪家公司，能夠透過職責規定解決工作上的問題。那些所謂的職責規定，只不過是以常用專有名詞為基礎，再依各家公司的規模，增加或刪減部門單位而已。然而，這就好比電腦主機可以處理各種作業，卻不能提高工作效率一樣——可以套用在任何公司的職責規定，即使適用，也發揮不了什麼功效。

話說回來，如果只是中看不重用的話倒也還好。糟糕的是，會引發後續各種作業問題。

舉例來說，A工廠的進貨流程原本是採購或發包的訂單進貨以後，只要品檢合格，便拉進倉庫備用。後來，聽從某企管大師的指導，將業務分工若干的獨立職務。沒想到這麼一改，改出一大堆問題。

原本品檢合格的備料應該直接進倉保管，不過根據職責規定，品檢只負責驗貨，沒規定他們將備料拉進倉庫。所以，品檢認為這並不是他們的工作。當然，規章上也沒註明，品檢後的備料由倉儲課負責。

於是，倉儲又表示：「生產線的用料都是我們從倉庫搬過去的。品檢驗完貨以後，為什麼不能直接搬去倉庫？更何況我們也不知道他們的驗貨時程。誰有時間一直追著問可不可以進倉了？」

沒多久，生產線與品檢也起了爭執。品檢認為瑕疵品是生產線的責任，理應由他們拿回去重做。不過，生產線也毫不退讓的表示：「產線才是我們的工作崗位。一、兩件瑕疵品，就不能勞煩你們送回來嗎？」

由此可知，職責分工並無法解決這些問題。不，應該說早在職責規定發布以前，就因為職責不清，導致內部時有爭執。

最後，在部門老大的角力之下，弱勢的一方只能摸摸鼻子。可惜的是，這不過是治標不治本，表面上的風平浪靜而已。一遇到人事異動，或者哪個部門的主管失勢，原先被欺負的一方便趁勢捅對方一刀。這可不是電視的肥皂劇，而是職場中屢見不鮮的案例。

就我個人所知，還沒有哪一種職責的設計，能夠避免這樣的內部糾紛。因為這就是各司其職的最大缺陷。

事實上，所謂職責指的是，根據各處、各部、各課或各組等不同事業單位，規定各自負責的職務與工作。

但，工作並不是僅靠單一部門就可以完成的。一家公司之所以能夠順利營運，需要各個部門時而合作、時而分工，將業務交接下去。這個時候，必定有單據與貨品。當單據該怎麼開立、貨品怎麼處理等基本作業都搞不定的話，勢必免不了一齣又一齣的職場肥皂劇。

事實上，職責最多只能列出各個部門該做的工作類別，並無法決定具體做法或者重點。

如果拿織布做比喻的話，就等同垂直的經紗。光將棉線垂直的拉（按：須經緯（橫向）交織），能織成一匹布嗎？當然會有所遺漏。如此一來，只會助長部門間的本位主義（sectionalism；指只顧自己，不顧大局，對別人漠不關心），讓團隊運作總是處處碰壁。此時，必定有人主張釐清職責權限。

但我認為，這並非對症下藥。

職責規定雖然標榜釐清職務的權限。事與願違的是，很多規定不僅讓人毫無頭緒，還導致事情越來越混亂。

常有老董抱怨：「我們公司就是不懂得橫向聯繫（按：指平行單位之間的聯絡）。」研討會上，也常見企管大師苦口婆心的勸道：「公司內部之所以溝通不良，橫向聯繫的問題遠比縱向（按：指上下級之間）來得嚴重。大家應該加強橫向溝通。」這種論點無關對錯，而是混淆視聽。尤其是提倡職責分工、管理幅度與同質性作業整合等理論。

照道理說，真正影響公司內部溝通的不是橫向，而是縱向聯繫。例如，主管傳達公司的方針與目標，就是典型的縱向聯繫。

然而，往往是提倡的人一頭熱，聽的人卻當耳邊風。如此缺乏效率的溝通，也難怪主管力不從心。

讓我們言歸正傳吧。

或許有讀者會想，反正你就是反對職責分工。其實，我的本意並非如此。職責分工當然有其必要性。但，我想強調的是各司其職，不代表就可以不作為，因為如此反而阻礙工作的推進。

如同前面所說的，各司其職是垂直的經紗，而一連串的工作流程則是水平的緯紗。各司其職即便規定得一清二楚，但是緯紗又要如何定義？

俗語說，無規矩不成方圓。事實上，企業的經營從來不缺乏緯紗，例如，製程控管制度與圖紙管理規定（按：Drawing management，管理常用的文檔、工程圖等內容）就是最好的證明。可惜的是，這些制度、規定或者工作流程向來沒有一個標準，更何況貨品的處理常是一場迷糊仗。

即使努力拉扯經紗，但緯紗卻有一搭沒一搭的，織出來的布匹當然一戳就破，既不堅牢又不穩固。

唯有緯紗強韌，又與經紗相互配合，才能織成耐磨的布料。

我之所以主張責任與權限不需要細分，是基於公司內部事務繁雜，且有許多模糊地帶的考量；以及，面對新接手的業務，或者需要臨機應變的時候，責權不明往往被用來當作逃避責任或怠慢職責的藉口。

對於每天反覆執行的例行性工作，釐清責任與權限的界線當然不難。然而，即便是這樣的日常工作，過去從來都是曖昧不明，漏洞百出。儘管一些企管大師說得頭頭是道，也不過就是紙上談兵，因為他們從未想過怎麼落實。每每想到他們這種不負責任的態度，總讓我感到忿忿不平。

那麼對於企業來說，緯紗又是怎麼一回事？我給它取了個名稱，那就是業務處理規定。接著，就讓我直接用實例來說明吧。

以前，有家專門做金屬材質椅子的工廠，其服務包括維修品與客戶退貨。但令他們頭痛的是，客戶總在下單的時候，連帶要求免費維修服務，而且常常未經告知就把貨物直接寄到工廠。稍微貼心一點的客戶，還會付個單據，但不少都是沒憑沒據。更糟糕的是，這些維修品還經常遺失。因此，每當客戶打電話來催貨的時候，他們連收貨日期、維修型號、數量都搞不清楚。搞到最後，只好根據客戶說的型號與數量，用新品替代了事。這樣的戲碼不斷的上演，這家工廠不僅丟了信譽，還有金錢上的損失。後來，老闆覺得不能再這麼下去。於是，便將司機、業務、品檢與生產的主管叫來商討對策。最後，想出這麼一個解決辦法——退貨處理規則。

**退貨處理規則**

本規則適用於各種退貨事宜。

**1　受理退貨流程**

1.1　工廠

○受理者

持有退貨單者，逕將單據交付退貨辦理相關事宜；無單據者則由受理者填寫退貨單（在正式單據發布之前，由發貨單替代，司機須隨身攜帶），並貼上換貨標籤

（如受理日期、客戶名稱、數量等），置於氧氣瓶旁的退貨區（待領）。

○退貨課

依退貨單開立退貨處理單（暫稱）（三聯式單據，在正式單據發布以前，以製令工單替代之後），連同退貨單一併提交廠長簽核。

1.2 郵寄

○退貨課

收到退貨商品與退貨單後，應將退貨商品貼上標籤（內容如前所述），並放置在規定區域集中保管；開立退貨處理單後，連同退貨單一併提交廠長簽核。

## 2 退貨處理流程

○廠長

負責處置客戶的退貨。於退貨處理單註明指示後，將單據發還退貨課處理。

○退貨課

退貨單歸檔後，將退貨處理單連同退貨交付品檢處理。

○品檢課

收到退貨處理單與退貨商品後，查驗貨品狀況。退貨處理單一式兩份，註明主要維修部位後，一份存檔、一份連同退貨商品交付生產處理。

○生產課

除了退貨處理單註明之處，凡有瑕疵部位，一律送回維修，並於退貨處理單明記使用材料與工時，連同維修品送交品檢待驗。後續處理流程參照生產製程辦理。

**3　一般事項**

○客戶退貨，應立即受理，不得拒絕。

○若無單據，一概不受理。另單據之記載事項不得有違事實。

○處理流程不得推諉，所有退貨與單據均須按照下一個單位的指定交付。

這個處理規則讓人看得頭昏眼花。不過，令人訝異的是，卻十分管用。

這是因為退貨這樣的燙手山芋，大家都是避之唯恐不及。不過，有了這麼一個處理規則以後，客戶的退貨就能夠按照流程，立即拉去生產線處理；生產線有了退貨處理單，也就不會抱怨連連。於是，這家工廠長期以來的困擾自此迎刃而解。

因為這個退貨處理規定，抓住了幾項重點：

1. 具體規定工作流程與承辦人員之業務。
2. 釐清退貨搬運與保管地點之責任歸屬。
3. 明定業務之移交責任。
4. 黑紙白字，明文規定（此為關鍵所在。不少人主張使用圖表會更清楚。就報告而言，圖表確實有助於數據的說明。不過，類似這樣的規則，文字表述反而一目瞭然。文字規定容易給人冗長、缺乏效率的印象，但事實上並非如此。例如，作業改善流程，如果寫明「行走中，凡發現五公尺以內之地上有任何物品，均須拾起」的話，員工便知道該如何改善。因此，有時候黑紙白字反而效果更佳）。

當緯紗拉緊了，再與經紗牢牢交織的話，織出來的布料當然堅固耐用。

事實上，日常的例行作業也可以透過白紙黑字來建立規定，而且這才是值得鼓勵的做法。遇到問題，沒有任何具體對策，只知道拿部屬開刀的主管才大有問題。公司的主要業務，如果能像這個案例事先訂好處理規則的話，工作自然能順利進行，也不會有橫向溝通不良的問題。另外，這些規則還應該制定成職務手冊，作為新人研習的教科書。

接下來，再說一個案例吧。

話說有那麼一家公司，因為不知道該怎麼申報貨物稅（excise tax）而頭痛。所以，他們就想出以下的申報步驟。

例如，規定每個月的幾號以前申報，帳簿的格式與單據的抄錄內容等。最後還將申報單的格式、張數，各個欄目的填寫事項與計算方法、簽核主管、申報單位（稅務機關）、受理櫃臺與收執聯的保管方法等，貼在帳簿封面的背頁。然後，將這堆事務交由一位菜鳥全權處理。這個小女生雖然只有國中畢業，卻將這些事務辦得妥妥貼貼。

過了不久，某家大企業也遇到同樣的狀況。不同的是，他們有四、五名大學畢業的會計精英，還有許多年輕女性幫忙處理事務。只不過因為申報手續太過馬虎，最後落得被稅務署（按：等同於臺灣的稅務局）調查兩個星期的下場。每每看到這些自找麻煩的公司，總讓我忍不住感嘆處理規則對於一家公司有多麼重要。

# 7 一家公司會不會賺，看出貨單就知道

接下來，讓我們來說說出貨單。在各種業務流程中，終端業務最重要、也最容易出錯的，就是出貨單。

出貨單只要處理稍有不妥當，不僅會影響公司的信譽，造成客戶困擾，還可能被稅務署盯上。

可惜的是，出貨單從未引起大家的注意，不少人甚至忽略它的重要性。

無論是哪一家公司，出貨單通常由基層員工處理。這些人便按照自己的意思處理，於是錯誤百出。

如果是內部單據的話，不管錯得如何離譜，只要修改一下即可。

話說回來，不少公司將內部單據的流程，或者處理辦法規定得一清二楚，對外的出貨單卻是馬馬虎虎。

說到出貨單，重要的是制定處理程序。

接下來，就讓我來介紹出貨單的正確用法。

事實上，世上的生意無非買與賣。而買賣的行為就是所謂的交易，也就是物品或所有權的轉讓。在轉讓所有權的時候，同時發生債權（貸）與債務（借）的關係。其中的債務因為支付而正負平衡，商業術語稱為結帳。

所有權的轉讓與結帳雖然都是交易的要件，但性質卻截然不同。然而，新手常常搞不清楚其中的區別，因此誤解出貨單的處理流程，導致問題層出不窮。

首先是賣出的場合。假設A公司預付十萬日圓給B廠商備料。一般說來，都是等到B廠商交貨以後，兩筆帳單相互抵銷。

可是如果，A公司事先付款讓B廠商備料，但B廠商交的貨只有訂單的一半，那就只能抵銷五萬日圓的備料。

所以，他們想到一個權宜之計，那就是實報實銷。也就是說進多少貨就扣除多少貨款，剩餘的挪到下個月扣抵。

這個權宜之計倒也無可厚非。只不過如此一來，出貨單的開立就有問題。以此情形為例，如果B廠商的出貨單，按照A公司預付的備料金額開立的話，兩筆帳款便相互抵銷。為了避免這種迷糊仗，於是承辦人開立兩張出貨單。一張是當月出貨的五萬日圓備料，剩餘的則挪到下個月。表面上看起來這種做法實事求是，殊不知後患無窮。

就本質而言，出貨單不過就是證明所有權轉讓的單據，與債權或債務沒有直接關係。

然而，因為有月底結帳的壓力，於是大家就誤以為不管是全額還是部分，只要當月了結，就等於所有權的轉讓或者結帳。

例如，A公司某月已經預先支付了十萬日圓給B廠商備料。換句話說，這一大筆材料的所有權就在B廠商手上。如果按照前面的流程，B廠商在出貨單上開立五萬日圓，因為手上就只有這些備料的所有權，剩下的所有權全部算在下一個結算期（下個月或季度）的頭上——這就是一切糾紛的開端。

就正常的會計流程而言，所有的貨款都必須在月底結清。不過，為了不讓問題太複雜，此處姑且不論結帳日的規定。

試想A公司預付十萬日圓的備料費，但帳上的營業額只有五萬日圓，等於「漏開」五萬日圓的出貨單。結果，盤點庫存的時候，倉庫裡還找不到這筆十萬日圓的備料，怎麼辦？

這種單據兜不攏的情況，一旦被稅務單位查到，就是隱匿營業額，落入企圖逃稅的罪名。即便是承辦人的無心之失，仍然有逃漏稅的嫌疑。如果從這個觀點切入，就不難發現出貨單的癥結點。那麼，這個時候又該如何處理？

其實，最終還是得從這個權宜之計說起。因為所有的問題來自於將所有權的轉讓與結帳混為一談。

當A公司預付了十萬日圓備料費，等於將這些備料的所有權轉讓給B廠商，也就是B廠商欠了A公司十萬日圓。而償還這筆貨款就是所謂的結帳。話說回來，結帳沒有一次付清的規定，分期支付也並非不行。不管A公司預先支付多少材料費，也不代表B廠商就得當月結清。

由此可知，出貨單不過就是所有權轉讓的單據而已。

當A公司預付十萬日圓給B廠商備料的時候，單據上就應該開立當天的日期。有人不免會問，可是B廠商又沒有全數交貨，那這筆十萬日圓不就相抵了？其實，這也不是什麼大問題，只要在單據上註明「其中五萬日圓於下個月扣抵（或挪至下個月處理）」即可。遇到特殊狀況，只要加上「備註」，會計就知道該如何處理。

接下來，讓我們來從A公司立場，探討這個案例的問題點。

老實說，不少廠商為了提早收到貨款，總是將下個月的訂單趕在月底結帳日交貨。雖然這麼做不合交貨的規定，但顧及以和為貴的道理，A公司也不好意思一口回絕，更何況不過是早交貨、晚交貨的問題。因此，A公司總是聲明可以先進貨，但是付款必須按照訂單上的日期來處理。收下貨以後，他們便將出貨單的日期改為月底結帳日的第二天，以為如此便皆大歡喜。殊不知這種權宜之計就失去了出貨單最初的用意。

然而，這麼一來，A公司的資產雖然增加了，卻沒有對方的出貨單作為採購憑據。這個時候如果貿然結帳，就會發生收支不平衡的問題，讓帳上莫名其妙多出一筆營業利潤。換句話說，就是這筆收入沒有入帳，卻要補繳稅金。其實，出貨單的日期根本不用修改，只須在單據上註明「下個月支付」就不會有任何問題。

值得注意的是，出貨單上的商品必須完整無缺，不能有破損，否則貨款還未到手，就得付出一筆賠償。

為了避免這樣的糾紛，我總是建議客戶只要是提前交貨的訂單，不論何時交貨，都要以指定的交貨日期為標準，如此才能決定賠償的責任歸屬。此外，訂單上還必須註明「凡是提早交貨者，一切意外與損失，本公司概不負責。」這種做法對於承辦人員或者廠商，無疑都是一種自保。

請容我再次強調，公司應該讓員工理解單據處理的正確思維與方法，以及對於生意往來的重要性。

先不論財會方面的結算問題，至少，遇到承辦人員辭職或職位異動，就不會出現一些沒有必要的糾紛。那些只顧著處理好內部單據，卻忽略對外付款流程的陋習，根本就是本末倒置。

# 8

# 能力不足的主管，越愛對第一線員工下指導棋

我曾經幫某家工廠的產線主任提供在職訓練。

頭一次拜訪這家公司的時候，就聽董事長一個人滔滔不絕的發表高見。不是要求產線主任怎麼做，就是對他們的期許，聽得我耳朵幾乎起繭。我實際視察了一圈發現，沒有人在工作，大家都是做做樣子而已。情況倒是如同董事長所說的，不過這又該怪誰？

我指導過無數公司，發現喜歡批評員工能力或者工作表現的老闆，公司都經營得不怎麼樣；只有能力不怎麼樣的老闆，才會對主管下指導棋。所以主管表現得不理想，全是老闆自己的問題。

傳統的管理學對於產線主任的定義，總是過於苛求與繁瑣。例如：

1. 訂定工作計畫，確保作業順利進行。
2. 備齊產線所需的各種材料、機械、治具（按：具有固定和定位功能的工具）或工具等。
3. 營造良好的工作環境，發揮組織功能。
4. 提高部屬的作業能力。
5. 加強人際關係，鼓舞部屬的士氣。
6. 適才適所的安排職務。
7. 改善作業環節。
8. 宣導並落實公司的方針、制度與作業標準等。
9. 提高直通率（First Pass Yield，FPY：衡量生產線出產品質水準的一項指標）、降低不良率、控制加班時數、降低成本。
10. 挑選並培養接班人。

11. 於公於私，當部屬堅強的後盾。
12. 讓部屬了解公司的營運思維。
13. 幫助部屬自我提升。

列了這麼一大堆，還只是一小部分。而這些沒完沒了的要求，都是產線主任的責任，沒有個三頭六臂，簡直是不可能。

例如，職務或工作上的知識、手腕、決斷力、責任感、熱誠、創意、培育能力、品行、公正公平等。名詞琳瑯滿目，反正就是神人的等級。

問題是，上哪找能力如此不凡又天縱英明的人？就算公司有幸來了一位面面俱到、資質聰穎的員工，只在生產線管管作業員也未免大材小用。

公司對於產線主任的要求總是太多，而且薪資也不成正比。他們的本薪與基層員工相比，其實也高不到那裡去，頂多就是有個沒啥存在感的職務加給。然而，每天面臨的工作不但艱鉅，還得背負責任的壓力。世上哪有又讓馬兒跑，又叫馬兒不吃草的道理。

事實上，產線主任的工作非常繁瑣。他們手上通常握有三、四十個毫不相干的工作，而且永遠沒有輕重緩急之分。他們每天就像無頭蒼蠅似的，哪個工作出了包，責任得他們來扛；做得好又全是別人的功勞。就像夾心餅乾一樣命苦，不過也是其來有自。

例如，人事權握在人事手上，部屬能不能升遷，他們也說不上話；而生產計畫由製造負責，產品的質量是品管的事，設備維修歸設備管，獎金或者加薪由工會跟公司爭取。很多事情都與產線主任無關，他們也實在是愛莫能助。

產線主任能夠負責的工作明明有限，不少公司還列了一大堆要求。一旦照看不過來，就以手底下的人太多為藉口，刪減生產線的人力。人手不夠了以後，他們更是綁手綁腳，做不出什麼成績。

更慘的是，產線主任幾乎沒有晉升的機會。一說到提拔，只有便宜又好用的大學生才是公司眼中的生力軍。

這些小主管再怎麼努力，也只能眼巴巴的看別人升遷。

傳統的思維對於產線主任總是寄予厚望與要求過多，對於他們的主管卻是隻字末提。換句話說，大家以為生產線靠的就是知識與技術。另外，除了部分有識之士以外，很少人討論經營者該扮演什麼樣的角色。說起來還真是本末倒置。

照理來說，我們首先應該要求，經營者具備高瞻遠矚的見識、不凡的人格與異於常人的努力，其次是高階主管。

至於產線主任這樣的小主管，反而要求不宜過甚，至少不應該比經營者或高階主管嚴苛。話雖如此，也不是說小主管怎麼做都沒關係。我想強調的是，大家對他們的期待與關注超乎權責的比例。

如果產線主任作為第一線的指揮官，地位舉足輕重的話，公司就應該給他們更多的空間自由發揮，釐清職責所在，並且增加人手，提高薪資，甚至升遷的機會。一味的將所有期待都寄託在他們身上，長久下來任誰都會辭職走人。

無論如何，我們對於產線主任的職務實在應該重新檢討。不過在此之前，應該先集中精力解決上頭主管產生的各種問題。

其實，產線主任的職務之所以如此混亂，大多來自於主管搞不清楚狀況。這種代罪羔羊的苦楚，又有誰知有誰曉？

我認為產線主任的職責莫非以下七個要點：

1. 維持職場乾淨明亮。
2. 機械或治具等工具的研磨維護。
3. 編訂三日工作計畫表。
4. 即早送修受損治具或工具。
5. 隨時巡檢，確保工作環境的安全。
6. 申請新的機械或設備。
7. 重視附加價值目標與績效。

以上幾點看似簡單，卻也需要一定的才能與勞心勞力才可能達成。

我敢說，這七個要點涵蓋產線主任的基本職責，比過去嚴苛的要求來得人性化，也具體易懂。

最後，請容許我用領導能力來總結：與其要求這些小主管面面俱到，倒不如讓他們磨練自己的領導能力，讓部屬按照自己的意思行動。換句話說，就是學習用人的技巧。總而言之，對於第一線的指揮官而言，最重要的是除了領導能力，還是領導能力。

第 5 章

# 帶人的功夫，管理課本不會寫

# 1 主管的基本功，都跟能力無關

過去對於高階主管或者經理的討論，大多偏重在專業管理方面，較少談及一位主管應該具備的工作態度與認知。

然而，只要是有工作經驗的人，不論職位大小，對於自己的工作都應該要有最基本的認知。這項原則如此重要，卻被人們忽略，到底原因出在何處？難道只要具備相關知識與技術，就能勝任高階主管的職務？倘若如此，那可是極大的謬誤。

事實上，無論哪一種職務或工作，都必須具備最基本的工作態度與認知，才能完成公司交辦的任務。

那麼，高階主管的能力該怎麼定義？簡單的說，就是績效取向，績效決定一切。知識與技術不用高人一等，品格高尚也不是重點。

工作績效其實與能力沒有太大關係。不少人明明能力出眾，卻業績平平。相反的，資質平庸的人跑起業務來，可能跌破大家的眼鏡。

其中的關鍵無非是工作的認知與態度。只要堅守這兩項基本原則，高階主管人人能做，能力出眾更不是難題。

接下來，我還是用實例來說明吧。

日本紡紗公司（現在的Unitika〔尤尼吉可〕）的貝塚工廠於一九五二年，由總教練大松博文打造一支號稱「東洋魔女」的女子排球隊[27]。沒想到這個不被外界看好的菜鳥球隊，儘管屢敗屢戰，卻越挫越勇。連亞洲首位奧運金牌得主，日本田徑

[27] 由貝塚工廠所組成的女子排球隊，在大松總教練的帶領下，晉升國際強豪之列。彪炳的戰功贏得「東洋魔女」的美譽。該隊的主力選手甚至勇奪一九六四年東京奧運金牌。

之神的織田幹雄也忍不住舉起大拇指稱讚。

這位體育界的老前輩大笑的說：「阿文，真有你的。這麼一群菜鳥還真的被你給帶了起來。」

接著，又感嘆的說：「你看看，田徑界優秀的選手這麼多，隨便找都比你這些隊員強上好幾百倍。不過，他們之所以比不過你們，除了欠缺心理素質以外，最主要的還是缺少像你這樣的魔鬼教練。」

如同織田所說的，我們就是一支雜牌軍。所有的隊員都是剛踏出高中校門的女生。既沒有底子、也缺乏運動員的心理素質，要是到其他公司，連面試都不可能。

——摘自《跟我向前衝！》（大松博文，日本講談社發行）

這個故事對於能力平庸的人來說，是多麼的勵志與振奮人心——不論先天資質的優劣，只要透過後天的努力與抱持正確的態度，再困難的目標都能夠達成。亦即，有志者事竟成。

不過，我認為至少得掌握以下八點原則：

1. 從自我管理做起。
2. 體察上意。
3. 當機立斷。
4. 設定目標。
5. 成果決定一切。
6. 有效利用時間。
7. 決定工作先後順序。
8. 善用他人的優點。

其中的思維與重點，讓我們一一看下去。

# 2 所謂的毅力，就是在細節上下功夫

坊間的經營書籍（大多談管理）或者研討會，總是在「如何管理部屬」的議題上大做文章，千篇一律到讓人看了就頭痛。不過，對於高階主管來說，難道就成天盯著部屬，沒有其他更重要的事嗎？

當然不是。在上位者，首先必須從自己做起。

換句話說，在管理別人之前，應該以身作則，先管理好自己。與其花費時間替員工操心，倒不如認真思考自己該做些什麼，才能擔負起主管的重責大任。

在下達指示或目標以前，主管該做的是反求諸己。例如，訂定高門檻的目標、衡量並評估自己的貢獻能力、工作表現等。如果連這些都做不到的話，又有什麼立場要求部屬完成自己設定的目標，或予以批評。

一個不懂得自我管理的人，套用杜拉克的說法就是：「缺乏火車頭的車廂。」車廂打造得再怎麼漂亮，沒有火車頭也無濟於事（按：杜拉克曾以火車頭工廠，論述工作組織的革新問題）。同樣的，經營者與高階主管就像火車頭，負責引領公司或者部門，朝著既定的方向前進。

當我們將心力放在他人身上的時候，難免會因為專注力被分散，而忽略了自己的責任與工作目標。這樣的主管或許夠貼心，卻與雄才大略無關。問題是越是這樣平庸的主管，越喜歡抱怨手底下的員工。

然而，部屬之所以不得力，其實就是主管自我管理的問題。因為，凡是不懂得自我管理的人，絕對無法管好別人。

總而言之，**自我管理的能力就是管理部屬的能力，也是主管的基本功**。其實做法很簡單，只要用同一套標準，怎麼要求自己，怎麼要求部屬就可以。

近年來，大家很常將毅力這兩個字掛在嘴上。有人說：「所謂毅力就是戰勝自己。」如此通透的解釋真是讓人佩服。

換個角度想，毅力何嘗不是自我管理的能力？

例如，素有「魔鬼教練」之稱的大松，就是毅力的化身。他在《跟我向前衝！》一書中，堅定冷酷、激勵球員的那些格言，就是最好的證明。例如：

- 不管做不做得到，去做了就對了。
- 就算遍體鱗傷，也要拚命去救球。
- 自信與毅力來自於苦練。
- 咬緊牙根，才能超越體力的極限。
- 百戰百勝的關鍵在於勤練球技，保持高昂的戰鬥力。
- 我們的球隊沒有生病這回事。
- 儘管罵吧！我就是你們的魔鬼教練。
- 大家不要怕，只要跟著我向前衝。
- 銘記放棄小我、顧全大局的道理。
- 有時候總教練也必須與選手對立。

- 毅力為勝負的關鍵。
- 這世界就是「勝者為王，敗者為寇」。

這種人定勝天的信念就是所謂的毅力，也是這位魔鬼教練要求隊員牢記於心的唯一課題。話說回來，大松教練雖然看起來嚴厲，私底下卻也有鐵漢柔情的一面。例如，聽取醫師的意見，關心球員的健康狀況；為了參加莫斯科（Moscow，當時蘇聯的首都）的選拔賽，特地從匈牙利進口排球讓球員練習；用床墊取代榻榻米，好讓大家盡快適應外國的生活作息；週日提早練習、提早解散，自掏腰包帶大家去大阪看電影、吃冰淇淋，只為了讓這些小女生放鬆一下。

真正的毅力並非空口白話，而是在細節上下功夫，才可能開花結果。無論如何，高階主管的能力高低在於基本認知，凡事從自我管理做起。

# 3

# 下指令前，先確認老闆要的是什麼

過分強調管理部屬，還有一個盲點，那就是：凡事都要站在部屬的立場思考，要向下管理，亦即做主管就應該體貼部屬、體察基層民意，與部屬站在同一陣線。於是，體貼部屬就成了好主管的正字標記。

然而，對於高階主管而言，重要的不是體貼部屬，而是體察上意。所謂上意，就是客戶的感受。

經營者在成為好老闆以前，應該先顧及客戶的想法；而高階主管在表現自己以前，應該先讓上面的高層放心。

連部屬都做不好，又怎麼成為優秀的領導或好主管？反過來說，在成為一名好主管以前，應該先做好部屬的本分。不過，怎樣才算做好本分？

其實說難不難，就是搞懂上級對自己有哪些期待。這不僅是關鍵所在，還是根本性的問題。然而，不少主管卻從未考慮過上級的想法，只會一味的將自己的觀點強加在部屬身上。

當主管的獨斷獨行與公司的方針背道而馳，不僅會讓部屬白忙一場，還可能引起基層的反彈，最後受苦與收尾的還是主管。

換句話說，**主管在思考該讓部屬做些什麼，或者設定工作目標的時候，不能從部屬的立場著想，而是體察上意，顧及公司的整體格局**。

然而，體察上意以後，不代表接下來就是體貼下情。因為職場人際關係並非單純的縱向聯繫，還必須顧及橫向關係，也就是跨部門的溝通。

例如，倉儲部總是我行我素，從來不將生產部的產線時程當一回事。於是，急著上線的備料永遠缺貨，而交期不急的零件卻有庫存。遺憾的是，如此沒有效率的戲碼一再上演，往往等到事情一發不可收拾，才由部屬扛起這些黑鍋。

這樣不負責任的主管，難道還要給他們拍手？

一位有能力的高階主管不是「體貼部屬」，而是清楚上級的意圖、其他部門需要哪些配合。如此一來，才能反向思考該給部屬安排什麼樣的工作目標。只有這樣的主管，才是設身處地為部屬考量、愛護部屬的好主管。

凡事站在部屬的立場，與善盡主管的職責無關，更說不上為他們考量。因為，主管的職責，縱向來說是「體察高層的上意」，橫向來說則是「做好部門溝通」。

# 4

## 不敢做決策的主管，請趁早交棒

下達指示或裁決是高階主管的日常挑戰之一。任何指示與裁決都可能牽一髮而動全身，影響部門業務的發展走向。因此，下決斷之前，主管必須掌握事情的來龍去脈，研判各種利弊得失，然後當機立斷。

其中，猶豫不決更是決策的大忌，引發的惡果甚至比錯誤的決定還嚴重。怎麼說呢？

首要之惡，是錯失時機。

不論多麼英明的決斷，只要錯失時機，也彌補不了當下的天時地利。因此，下決斷的唯一方法，就是當機立斷。

其次是，導致部屬無所適從。**當部屬不清楚主管想法的時候，很容易會因自己拿不定主意，而變成瞎忙一場**。甚至因為缺乏共同目標，讓部門成了烏合之眾。

不僅如此，不知該怎麼裁示的主管，在部屬眼中亦顯得毫無擔當。

事實上，任何裁示與決斷都需要勇氣，並非大家想的那麼輕鬆簡單。即便只是一個小小的裁示，也可能讓後果不堪設想，更何況所有責任都得由主管一肩扛。

主管就像在雷區行走，跨出的每一步、做的每一個決定都必須小心翼翼，以免讓整個部門陪葬。

話雖如此，部門主管仍然沒有臨陣退縮的權利，該下的裁示還是得下、該負的責任還是得扛。如果連這一點膽量都沒有的話，最好趁早交棒。

在考量決斷的時候，傾聽部屬的意見，或者找個人商量也是人之常情。然而，必須切記，最後的責任仍然回歸部門主管的身上，不可能說正確判斷就是自己英明，一旦失誤了就事不關己。

事實上，高階主管最主要的工作，都來自於設定目標——設定自己的工作目標、決定部門營運方針（關於設定目標，請參閱第一章）。

其次是綜合考量公司經營目標、高層要求與部門合作，在深思熟慮以後，決定下一步該怎麼做。

## 你就是部屬的活教材

接下來，再將自己的定見做成書面計畫，提報高層裁示，同時作為其他部門的參考。只要欠缺這些事前溝通，就有可能誤解高層的想法，或是忽略其他部門的立場。於是，自以為深思熟慮的工作計畫，最後卻是一團糟。平白浪費寶貴的時間與金錢不說，還會引起各種混亂與問題。

反之，事前溝通得當的話，反而有助於高層下達更多具有建設性的指示，其他部門也能適時的提供建議。

當自己的計畫通過關以後，接著就是與部屬或客戶分享，並藉此展現推動該計畫的決心與態度。

不懂得自我設定工作目標的高階主管，絕對管不好一整個部門。更遑論在落實目標的過程中，提升自己的能力，作為部屬奮發向上的榜樣。

事實上，從工作中吸取教訓，才是培養人才的最佳教材。

# 5
## 拿不出成果，一切就只是自我感覺良好

接下來，讓我跟各位分享本田技研工業的驚人創舉。這家公司在靜岡縣建造了一座九十億日圓的鈴鹿工廠。當時，創辦人本田宗一郎與藤澤武夫等高層將這個天文數字的建案，交給經理以下的年輕幹部。

兩位老董說：「工廠要怎麼建，你們自己決定就好。我們兩個只看結果。」話雖如此，底下的年輕人卻直冒冷汗。為了不負眾望，這群小夥子召集大家集思廣益，光是提案就高達三千件。沒想到從購買土地到竣工，前後只花了十個月就讓一座月產五萬輛的輕型機車工廠（Moped，從 motor + pedal = moped 而來，通常是五十ＣＣ以下）正式上線。然而，本田的鈴鹿工廠之所以能夠以破天荒的速度竣工，完

全歸功於不拘泥於常規，省略繁複手續的策略。例如，工程圖的設計與施工同步進行等創舉。

這就是本田獨樹一格的勝利方程式。從這個案例不難得知，所有工作不論過程如何艱辛，成果才是一切。

只要成果符合預期，就無須在意方法與過程。鈴鹿工廠的成功無他，不過是公司高層透過這樣的思維，激發出員工的幹勁與創意。

被譽為日本經營之神的松下幸之助也曾說過：「富士山只有一座，但成功登頂的路徑卻不只一條。」

然而，對於傳統的管理學來說，方法與過程最為重要，卻從未有人想過，方法即使再好，結果不如預期的話，又有何意義？

退一萬步說，即便拚命去做，甚且方法再好，對工作也產生不了實質性的意義。因為在生產過程中，再怎麼努力，只要產品無法到達一定的水準，絕對賣不出去。這個時候，即使導入精密的管理技術，也只是徒增成本負擔。尤其是，管理手法日復一日的精進與機械化發展，已然是現今的趨勢。換言之，一定要提升成果，否則就沒有任何價值。

**一位夠格的高階主管只看工作成果，而不是工作的本身**。管理手法或者部屬怎麼完成，也從來不是他們的第一考量。

而且，工作並不是僅靠特定部門或單一活動就能拿出成果，而是必須透過各種作業與跨部門的合作。因此，高階主管應該思考的是，如何善盡自己的職責，與部屬的任務怎麼分派，以便奉獻一己之力。

話說回來，自我感覺良好向來是人類改不了的習性。特別是工程師只在意自己的技術水平，誤以為這就是他們的薪資行情。遺憾的是，他們從未想過自己領取的高薪，不是因為技術高人一等，或者比其他人加倍努力，無非是做出成績而已。

# 6

# 行程排滿檔比沒有行程更糟糕

提起本田技研工業的創辦人本田宗一郎，應該無人不知，無人不曉。那是幾百萬人、甚至幾千萬人之中的天才。只有他有能耐，短短幾年就將一家鄉下的小工廠，發展成國際頂尖的大企業。

他將自己的經營哲學稱為「本田哲學」，其中的一大特色就是「時間管理」。讓我們看看他在《奔馳人生》一書中，對於時間的解釋。

「對於機車工廠來說，材料與機器等於是命脈。不過，再怎麼重要也比不上創意。而創意就是與時間賽跑。因此，時間對我們來說，是無可取代、最寶貴的資材。」

「支票是爭取時間的兌換券。」

「從美國到日本，坐船的話，得花個兩、三天。搭飛機的話，三十個小時就到了。船票與機票相比，當然便宜許多，不過大家還是選擇搭飛機，這是為什麼？不外乎時間的寶貴遠勝於金錢。」

「對於我來說，時間向來重過一切。說得誇張一點，工作就是分秒必爭；再怎麼優秀的產品，只要落後半步，就沒有研發的價值。」

「銀座是日本數一數二的高檔區，既時髦又流行，沒有人會大老遠跑來這裡買日常用品。而銀座之所以受到歡迎，是因為店面陳列的都是最新的商品，也是大家心目中的購物聖地。」

「我們公司剛剛成立的時候，不僅資金匱乏，設備也不完善。靠著鼓勵創意與分秒必爭的行動力，總算在業界打出一片天。即便如此，我們仍然戰戰兢兢。因為市場瞬息萬變，隨時有被同業取代的可能。與時間賽跑，是我們研發的唯一使命。就好比人都生死關頭了，這個時候不管是名醫，還是庸醫都無濟於事。」

以上是他對於時間的看法。另外，他在第二本書《吾思吾見》（俺の考え，新潮文庫出版）中，也重述類似的觀點，可見時間在他心目中的重要性。

除此之外，他還提出「時間券」的說法。他認為，我們努力工作為的不是「工資券」，而是「時間券」。因為手上有了時間券，就可以到處玩、四處逛；等到時間券到期了，就得乖乖回來工作，賺取下一張時間券。這想法蠻有意思的，不愧是號稱鬼才的本田宗一郎。

時間既不能重頭來過，也無法被保存下來，更不可能花錢買。光陰一旦流逝，便一去不復返。機會永遠只有一次，一旦錯失時機，就不可能再次敲門。

對於製造業來說，最寶貴的資源不是金錢、不是資材，也不是人，而是時間。然而，世上最不可操控的是時間，最影響直通率的也是時間。

時間如果不能有效利用的話，就彰顯不出它的價值。那麼，時間又該如何有效利用？

首先，決斷必須明快。即使判斷錯誤，只要還能及時修正，也好過猶豫不決。拖到最後關頭，不僅會浪費時間，還會壓縮執行的空間，讓事情變得一團糟。

第二，向上呈報。凡是有能力的高階主管總是能體察上意，不會貿然行動。職場中最浪費時間的，無非是我行我素，忽略主管或者其他部門的想法，讓後果一發不可收拾。

不少主管寧可花費時間與部屬溝通，也不願意找個機會跟上級報告。事實上，這種本末倒置的做法最缺乏效率，實在值得三思。

第三，權力下放。作為高階主管必須適時放手，以免綁手綁腳。一些例行性的工作只要事先規定好作業標準，不妨讓部屬分擔。

第四，事前準備。我們常常為了提高工作效率，而忽略事前的準備流程。殊不知這樣反而是浪費時間。

說說我的經驗吧。第二次世界大戰期間，我曾經跟著汽車部隊在中國待了幾年。當時的路況糟糕到不行，車子往往不是輪胎陷了下去，就是開進溝裡。我為了順利拖吊，事前做了許多準備。沒想到，還真的事半功倍。一開始大家都以為我多此一舉，紛紛勸說：「拖吊就拖吊，幹嘛這麼費事？」後來他們也漸漸明白，這麼做反而省時省力。

在職場工作也是同樣的道理。越是事態緊急，越需要做好事前的準備，才能確保工作順利進行。

第五，確認進度。透過工作進度的確認，檢視自己的時間效益。不少人跟我一樣很有自信，總以為自己將時間掌握得一分一秒，絲毫不差。但，其實唯有再三確認工作進度，才能知道時間浪費在哪裡。

最後，避免行程滿檔。

在過去的理論，預定行程就是有效的利用時間。

這種說法雖然毫無根據，卻誤導我們將時間缺乏效益，歸咎於未能事先將行程安排妥當。不少人甚至以為，要提升時間的效益，就是將每天的工作表規定得仔仔細細。

可惜的是，行程表做得再漂亮，也只是平白浪費時間而已。

其實，**行程排滿檔比沒有行程更糟糕一百倍**。

以每小時來規畫的行程表，如果用在作業員這類性質單純、例行性的工作上，說不定還能派上用場。

問題是高階主管的行程表卻不能這樣安排，因為他們的工作永遠充滿變數，必須預留時間來彈性調整。更何況處理各種突發狀況、特殊案例，本來就是高階主管的職責。

對於高階主管來說，行程不宜過滿，以便因應突發狀況。越是位高權重的人，越需要保留空檔，以便不時之需。然而，許多大老闆的行程總是一個接著一個，根本找不出空檔。甚至因為忙過頭，導致許多工作來不及處理。對於公司的高層來說，確實是個非常棘手的問題。此時，就必須判斷輕重緩急與先後順序。

## 解決危機，從決定不做的事開始

公司高層因為行程滿檔，能夠運用的時間往往有限，因此在面對非處理不可的工作時，判斷問題的輕重緩急與先後順序至關重要。什麼都想做的話，最後就會什麼也做不到。

若無特殊理由，暫緩的工作就無須拿來重做，甚至碰也不應該碰。因為已經失去時效，花再多時間處理也無濟於事。例如，已錯失時機的新事業或業務。

一位有能力的高階主管必須能夠判斷工作的重要性。但，決定該做哪些事並不困難，難的是決定不做的事。事實上，在決定先後順序時，刪除重要性較低的工作，往往更有效率。

例如，某家公司在籌備企劃的時候，覺得什麼事都必須做，所以列了很多條件，結果大傷腦筋。當時因為人手不夠，時間又緊迫，在走投無路的情況下，只好來詢問我的意見。於是，我建議他們先決定要「淘汰」哪些項目。也就是，在決定不了的條件中，篩選出不需要的備案。

對於專案的負責人來說，的確是痛苦的決定。不過，我極力說服：「世上哪能盡如人意，皆大歡喜？這個時候只能用刪去法，從最不重要的事情開刀。」這位負責人即便百般不願，仍然按照我所說的，刪除不必要的條件。接著，再決定其他條件的先後順序。如此一來，總算解決棘手的難題。

話說回來，**事情的輕重緩急**該怎麼判斷，先後順序又該如何訂定？

這個問題**取決於公司的整體高度，也就是釐清什麼對公司最重要、什麼有助於**

**提升公司將來的業績**。有些事情如果連你自己都不在意，又何必花時間傷腦筋？無庸置疑的，答案當然是有助於主管的業務推展、有利於其他部門推動工作，而不是浪費心力思考如何讓部屬做事順利。

越是重要的工作，在過程中，勢必面臨許多不可預期的風險與障礙。因此，花費的時間往往也會加倍。一旦進度有所延宕，許多工作便會跟著停擺。而這些停擺的工作只有兩種選擇，一是乾脆取消，二是放手讓其他人來做。這個決定雖然不容易，卻又勢在必行。關鍵就是按照輕重緩急，決定先後順序。

所謂輕重緩急、先後順序，除了工作以外，也適用於產品開發。哪些產品應該更新、哪些產品應該優先推出，決定一家公司的生死存亡，必須慎重的思考。既不能被其他公司搶先一步，更需要不斷的推出新品，或者開展新的事業，以便搶奪市占率。

然而，成功是可遇不可求。為此，我們更需要學會判斷的輕重緩急——雖然決定事情的先後順序極其困難，但結果將會證明所有的辛勞都不是白費。

如果是研發新產品的話倒還好辦，就好比亂槍打鳥，多打幾槍總是會中。真正困難的是，淘汰既有產品。不少公司因為產品滯銷，而不知如何是好。其實去蕪存菁的道理人人都懂，只是往往下不了手，例如帕累托圖分析就是極有效的工具。只不過每個產品就像是自己的孩子，哪能狠得下心說淘汰就淘汰。

換句話說，就是情感往往戰勝理智。事實上，一些公司的業績之所以不見起色，原因亦出自於此。這個時候，唯有當機立斷、快刀斬亂麻才能拯救公司。

拯救一家瀕臨倒閉或者業績不振的公司，最直接的做法就是關閉績效不佳的工廠，淘汰沒有收益的產品，甚至還得裁員或者縮編。反正一句話，就是能丟就丟、淘汰再淘汰——這就是所謂的大破大立。凡事捨不得，公司只有死路一條；懂得放手就能夠絕地重生。

另外，也不宜將重心全部放在新產品的研發上。因為有新就有舊，推出新品的同時，必須思考如何汰舊換新。

公司跟人一樣，同樣需要促進新陳代謝，知識、技術或者思維也是相同的道理。因為拋棄過時的知識往往比吸收新知，來得更加困難與重要。

我們總是習慣花費許多努力與心思吸收新的事物。今後，更應該多花些努力與心思，學習如何捨棄過時的東西。

例如，美國的鐵路公司向來被視為夕陽產業。不過，紐約中央鐵路公司（New York Central Railroad）卻因為董事長阿爾弗雷德・E・佩爾曼（Alfred E. Perlman）的靈光一現，而起死回生。最後，讓我借用他的名言作為總結。

「公司任何事業只要過了兩年就該檢討，過了五年就該懷疑，過了十年就該拋諸腦後。」

# 7 多用部屬的長處，忽略他的短處

說起青田昇[28]這位職棒選手，可是日本一九四〇、一九五〇年代無人不知、無人不曉的打擊王。他退休後，便轉任教練，繼續培育後進。他在一則採訪中，提到自己對於打擊的指導原則：「其實也沒什麼，就是將選手的長處發揮到極致，將那些缺點全當看不見。」

說得真好，真是至理名言。

只要是人，就一定會有缺點，而且很多人都會將缺點看得非常嚴重。但，成天想著這些弱點或缺點，也解決不了什麼事。

因為只有長處才能發揮人的產能。因此，最具效益的做法是，發掘自己的優點，並將這些優點發揮到最大。

日本有句俗話說：「順風揚帆。」借力使力（按：用來比喻抓住絕佳機會，才能乘勝追擊）不僅能幫助我們提升個人能力，更是展現待人處事的高度。

然而，正所謂江山易改，本性難移，人的缺點哪能輕易說改就改？

相反的，發揮優點卻簡單多了，只要努力就會看到成果。

主管應該無時無刻的挖掘部屬的優點，提供他們發揮的機會。就如我們常說的：該誇就誇、該罵就罵。

我們總是從別人的讚賞中，得到自我肯定。只要獲得那麼一、兩句稱讚，便粉身碎骨也在所不惜。誇獎有多重要，就連卡內基在《人性的弱點》也再三強調。

只能看見部屬缺點的主管，無非凸顯自己的無能。因為就算每天盯著那些缺點也無濟於事，發揮不了任何效益。一位有能力的主管必須懂得發掘部屬的優點，想

㉘ 一九四〇至一九五〇年代，讀賣巨人等職棒球隊的明星球員。

辦法讓他們成長茁壯。

話說回來，職場中，也有不少主管總喜歡稱讚自己的部屬。難道客戶或者頂頭主管身上就沒有優點嗎？我倒認為，發掘客戶或頂頭主管的優點，並且善加利用，遠比部屬來得重要。理由無他，因為對公司的影響更深、效益更大。同樣是借力使力，高層的力量絕對比手底下的人高出數倍，甚至數十倍。

此外，只要當上部門主管，對於上級的不滿絕對比部屬多，但問題是又不能把他們叫來跟前訓斥或者指導一番。

其實，這些不滿也沒什麼大不了，跟同事出去喝兩杯，發發牢騷也就算了。上級的老毛病如果利用得當，有時還能助自己一臂之力。

只要抓住訣竅，又懂得善加利用的話，一旦事情照著劇本走，便能在心裡偷笑：「根本小菜一碟。」並藉此獲得比上級主管優越的成就感。

說到底，一個人的能力取決於待人處事的高度，也就是眼裡看得是別人的優點，還是缺點。

想要成為人上人，必須懂得借力使力，認真發掘客戶、主管與部屬的優點。

## 工作，就是主管每天的挑戰

主管之所以能夠再上一層樓，全靠自我啟發。然而，僅憑自己的微薄之力，想要獲得更多啟發也並非易事，更不是你指望別人幫忙，別人就有義務幫你。自己的擔子自己扛，這完全是個人的責任。

事實上，每天經手的工作就是最好的平臺。換句話說，就是透過日常工作的實踐、測試與反饋，提高自己的能力。

好比學習游泳，不是站在岸上觀看，而是下水練習。另外，讀萬卷書也不見得有效，必須與工作有關，而且還能落實於現實層面，才是真正的自我啟發。即便滿腹經綸，如果與自我啟發無關，反而百害而無一利。因為我們面對的是現實職場，而不是頭頭是道的理論。這就是所謂的事實勝於雄辯。

第 6 章

# 主管該有的錢意識：成本分析與獲利能力

# 1
# 欠缺成本概念，賣越多賠越多

許多上班族都有欠缺財務概念的通病。即便是每天管控資金進出的經營者，也都為營業額等數據傷透腦筋。例如，資材採購與生產部經理，雖然對零件的進價或者工資瞭若指掌，而且帳目分明。但是，財務分析卻不是他們的強項，一問到產品的毛利率，或者管理績效，總是說不出一個所以然，更遑論要定期向老闆或者高階主管匯報。

如此一來，老闆該從何管控資金？靠財務報表嗎？其實，這是公司內部不曉得變通，僅憑過去的會計財務思維來管控成本的緣故。更糟糕的是，那些手法繁複的程度宛如天書。對於新手而言，只能囫圇吞棗，等於有看沒有懂。

無論如何，生意人不能沒有財務概念。接著就讓我們針對這個主題，探討經營者與高階主管應該具備哪些基本會計常識。

對於財務管理有興趣的讀者，不妨參閱拙作《成本計算的誤解與損失》（あなたの会社は原価計算で損をする，技報堂發行）。

## 兩種成本計算法

掌握企業成本，是經營者的工作項目之一。因為營業損益與成本息息相關。然而，掌握成本[29]的方法其實存在著一個很大的問題。在進入正題以前，我們先來了解成本是怎麼計算的。

一般成本可分為：總成本（Total Costing，一定時期內，總共需要支付的成本；

---

[29] cost accounting，成本會計分為管理及財務兩個方面，成本會計可協助管理計畫及控制公司的經營。

簡稱TC，亦即標準成本制）與直接成本（Direct Costing，只計算產品生產耗費的直接材料、直接人工和製造費用；簡稱DC，亦即實際成本制）。

總成本通常依公司規定而有所不同，是最常用的計算方式。而直接成本則是管理會計（Management Accounting）的一部分。

接下來，請看以下舉例說明。

假設A公司某產品訂價一萬日圓，一個月生產了一千臺，而且當月銷售一空。產品的材料費（含外包）一臺五千日圓，人事費用（加上其他經費）花了四百萬日圓。此處為了方便說明，暫且不考慮跨月的帳目處理。

首先，讓我們用傳統的總成本法來試算看看。

如下頁表6-1所示，所有費用除以單位成本（亦即分攤）以後，得出的成本就稱為總成本法。

接著，請看下頁表6-2的直接成本法。

直接成本法將成本分為兩種：

## 表6-1　總成本法

| | 數量 | 平均單位 | 合計 |
|---|---|---|---|
| 營業額 | 1,000臺 | @1萬日圓 | 1,000萬日圓 |
| 營業成本 | 1,000臺 | @0.9萬日圓 | 900萬日圓 |
| 利　　潤 | | | 100萬日圓 |

單位成本＝單位材料費 ＋ 單位人事費與經費

$$= 0.5\text{萬日圓} + \frac{400\text{萬日圓}}{1{,}000} = 0.9\text{萬日圓}$$

## 表6-2　直接成本法

| | 數量 | 平均單位 | 合計 |
|---|---|---|---|
| 營業額 | 1,000臺 | @1萬日圓 | 1,000萬日圓 |
| 變動成本（材料費） | 1,000臺 | @0.5萬日圓 | 500萬日圓 |
| 邊際利潤 | | | 500萬日圓 |
| 固定成本（人事費與經費） | | | 400萬日圓 |
| 利潤 | | | 100萬日圓 |

**①變動成本（Variable Cost）：**會隨著製造或營業額變動的費用，包括材料費、外包費、製造耗品、打包費或票據折扣等。

**②固定成本（Fixed Cost）：**不會因產量或營業額而發生變動的費用，包括人事費、一般管理或營業開銷等費用（按：如租金、保險費）。

將營業額扣除掉變動成本後，就是邊際利潤（marginal profit；衡量一家公司賺錢能力的比率，數字越高，代表控制成本的能力越好）。

或許有讀者會想，這兩者的差異在哪裡？事實上，總成本法很容易出錯，直接成本法才能夠準備判斷盈虧。口說無憑，還是舉例說明吧。

表6-3是某家工廠某月分的損益表，採用總成本法將固定成本按照變動成本的比例分攤，得出A、B產品的單位利潤各為九日圓與四日圓。問題是，如果採用其他

分攤標準或比率，數字就會不一樣，可能反而A產品只賺八日圓，B產品卻賺五日圓。

這種分攤方式全憑個人的主觀意識，沒有一定的標準，當然看不出來對錯（按：製造成本因為廣泛用於生產多個產品，無法直接歸屬於某個特定產品，故按比率分攤；也就是分攤比率）。再者，如果成本想怎麼訂就怎麼訂的話，不免缺乏公正性。

## 表6-3　某月分損益表（總成本）

| 產品 | 單價 | 製造成本 | 一般管銷費用 | 單位製造成本 | 單位利潤 | 銷售臺數 | 毛利 |
|---|---|---|---|---|---|---|---|
| | Ⓐ | Ⓑ | Ⓒ | Ⓓ＝Ⓑ＋Ⓒ | Ⓔ＝Ⓐ－Ⓓ | Ⓕ | Ⓖ＝Ⓔ×Ⓕ |
| A | 100日圓 | 84日圓 | 7日圓 | 91日圓 | 9日圓 | 10臺 | 90日圓 |
| B | 160日圓 | 144日圓 | 12日圓 | 156日圓 | 4日圓 | 10臺 | 40日圓 |
| 合計 | | | | | | | 130日圓 |

## 單位製造成本明細

| 產品 | 變動成本 | 固定成本 | 合計 |
|---|---|---|---|
| A | 70日圓 | 14日圓 | 84日圓 |
| B | 120日圓 | 24日圓 | 144日圓 |

那麼，到底該怎樣分攤才正確？這個問題不知道讓多少會計學者傷透了腦筋。

其實，根本原因就出在分攤。以上頁表6-3的總成本法來說，如果因為A產品的利潤比B產品多，就將B產品的產量挪給A產品，從原本的十臺增加到二十臺的話，就能幫公司賺更多錢嗎？姑且不論人事費與其他經費的支出，結果將如同下頁表6-4所示，可說是完全打錯如意算盤（按：毛利僅三十日圓；邊際成本〔每增加產出，所增加的成本〕會增加）。

話說回來，B產品的利潤雖然微薄，如果因此將二十臺的產量押注在B產品身上話，又會如何？

如下頁表6-5所示，B產品的利潤竟然高於A產品。

怎麼看都應該大賺一筆的產品，卻賺不到錢；那些肯定賠錢的產品，反而有得賺？到底是怎麼一回事？其實成本的計算沒有什麼訣竅，關鍵在於遵守「會計原則」。或許有人會懷疑：原因何在？

首先，讓我們比較一下三種情況的成本。

透過第二五〇頁之表6-6不難發現，不論是單價、變動成本、固定成本，還是一

## 表6-4　A 產品損益表（總成本）

| 產品 | 單價 | 製造成本 | 一般管銷費用 | 單位製造成本 | 單位利潤 | 銷售臺數 | 毛利 |
|---|---|---|---|---|---|---|---|
| A | 100日圓 | 89日圓 | 9.5日圓 | 98.5日圓 | 1.5日圓 | 20臺 | 30日圓 |

### 單位製造成本明細

| 產品 | 變動成本 | 固定成本 | 合計 |
|---|---|---|---|
| A | 70日圓 | 19日圓 | 89日圓 |

## 表6-5　B 產品損益表（總成本）

| 產品 | 單價 | 製造成本 | 一般管銷費用 | 單位製造成本 | 單位利潤 | 銷售臺數 | 毛利 |
|---|---|---|---|---|---|---|---|
| B | 160日圓 | 139日圓 | 9.5日圓 | 148.5日圓 | 11.5日圓 | 20臺 | 230日圓 |

### 單位製造成本明細

| 產品 | 變動成本 | 固定成本 | 合計 |
|---|---|---|---|
| B | 120日圓 | 19日圓 | 139日圓 |

## 表6-6 成本比較表

| | | 表6-3 | 表6-4 | 表6-5 |
|---|---|---|---|---|
| 產品A | 單價<br>變動成本 | 100日圓<br>70日圓 | 100日圓<br>70日圓 | ——<br>—— |
| 產品B | 單價<br>變動成本 | 160日圓<br>120日圓 | ——<br>—— | 160日圓<br>120日圓 |
| 固定成本 | | 日圓 日圓<br>A＝14×10＝140<br>B＝24×10＝240<br>共計 380日圓 | 日圓 日圓<br>A＝19×20＝380 | 日圓 日圓<br>B＝19×20＝380 |
| 一般管銷費用總額 | | 日圓 日圓<br>A＝7×10＝ 70<br>B＝12×10＝120<br>共計 190日圓 | 日圓 日圓<br>A＝9.5×20＝190 | 日圓 日圓<br>B＝9.5×20＝190 |

般管銷費用的總額，三張表格的數字都一模一樣。成本之所以搞得這麼混亂，就是將固定成本與一般管銷費用，依臺數分攤的緣故。

那麼，該怎麼計算才能得出真正的成本？其實倒也不難，只要比較其中的差異，自然一清二楚。

A、B產品的差異來自於單價與變動成本，因此可以試算如下（請參考最下方A、B產品的計算）。

兩相比較以後，B產品明顯占上風。兩者的邊際利潤差了十日圓，乘以十臺，兩者差額就是一百日圓。

當A、B產品各自生產十臺時，總利潤為一百三十日圓，換言之，將生產臺數的二十臺全押在A產品，等同將其中差額的一百日圓平白放棄，最後只有三十日圓的利潤。反之，如果B產品生產十臺，則將獲利最大化，淨賺兩百三十日圓。（按：指用總成本法計算容易有誤判）。

| 產品 | 單價 | 變動成本 | 差額 | 順位 |
|---|---|---|---|---|
| A | 100日圓 | －70日圓 | ＝30日圓 | ② |
| B | 160日圓 | －120日圓 | ＝40日圓 | ① |

（差額指每臺產品之邊際利潤）

## 表6-7 某產品之損益表（直接成本法）

| 產品 | 單價 | 變動成本 | 差額 | 順位 | 銷售臺數 |
|---|---|---|---|---|---|
| | Ⓐ | Ⓑ | Ⓒ | | Ⓓ |
| A | 100日圓 | 70日圓 | 30日圓 | ② | 10臺 |
| B | 160日圓 | 120日圓 | 40日圓 | ① | 10臺 |
| 合計 | | | | | |

| 邊際總利潤 | 固定成本總額 | | | 毛利 |
|---|---|---|---|---|
| | 固定成本 | 一般管銷費用 | 小計 | |
| Ⓔ＝Ⓒ×Ⓓ | Ⓕ | Ⓖ | Ⓗ＝Ⓕ＋Ⓖ | Ⓘ＝Ⓔ－Ⓗ |
| 300日圓<br>400日圓 | | | | |
| 700日圓 | 380日圓 | 190日圓 | 570日圓 | 130日圓 |

## 表6-8 A產品之損益表（直接成本法）

| 產品 | 單價 | 變動成本 | 差額 | 銷售臺數 | 邊際總利潤 | 固定成本總額 | 毛利 |
|---|---|---|---|---|---|---|---|
| A | 100日圓 | 70日圓 | 30日圓 | 20臺 | 600日圓 | 570日圓 | 30日圓 |

## 表6-9 B產品之損益表（直接成本法）

| 產品 | 單價 | 變動成本 | 差額 | 銷售臺數 | 邊際總利潤 | 固定成本總額 | 毛利 |
|---|---|---|---|---|---|---|---|
| B | 160日圓 | 120日圓 | 40日圓 | 20臺 | 800日圓 | 570日圓 | 230日圓 |

其中的差異點就在於，當成本計算涵蓋多項產品時，採用表6-3總成本法分攤的話，容易讓人產生誤判。

只有直接成本法，才能清楚算出每筆營銷的虧損（右頁表6-7）。

話說回來，如果表6-4與表6-5也採用直接成本法的話，數字還是一樣的（右頁表6-8與表6-9）。

以上的案例都是以工期相同為前提。那麼，當B產品的產量挪給A產品的時候，該怎麼計算呢？

此時，固定費用和產量無關，算法請參考下頁表6-10算式①。這麼算下來，反而放棄B產品才是明智之舉。那麼，A產品該量產多少臺才有錢賺呢？遇到這種情況，同樣比較兩者的差異便知分曉（請參考下頁表6-10之算式②）。

如此看來，A產品至少要生產十四臺以上，才能夠獲利。反過來說，低於十四臺就會賠錢。

換個角度想，如果將A產品的產量撥給B產品，也就是說B產品生產二十臺，固定費用又多出五十日圓的話，又該怎麼計算？

## 表6-10

①

| 產品 | 差額 | 邊際利潤 |
|---|---|---|
| A | 30日圓×20臺 | ＝600日圓 |
| B | 40日圓×10臺 | ＝ 400日圓 |

②

| | | |
|---|---|---|
| B產品之邊際利潤 | 40日圓×10臺 | ＝400日圓 |
| A產品臺數之反推 | 400日圓÷30日圓 | ＝13.3臺 |

③

| | |
|---|---|
| B產品之邊際利潤增加 | 100日圓 |
| 固定成本增加 | 50日圓 |
| 邊際利潤差價 | 50日圓 |

道理還是很簡單，就是比較其中差異（請參考右頁表6-10之算式③）。

由此可知，業務的盈虧涉及方方面面，必須站在公司的高度考量。只要採用直接成本法，比較其中差異的話，不僅簡單，又不會判斷錯誤。除此之外，直接成本法還有助於盈利方面的研判。例如：

1. 單位產品的獲利能力。
比較差額（單價－變動成本）即可。
2. 一定期間的獲利能力。
比較〔差額〕×〔一定期間之產量〕＝〔一定期間之邊際利潤〕即可。
3. 固定成本不同的時候，配合一定期間的邊際利潤，酌情增減固定成本。
4. 一個產品之投資效益，只要比較單位時間的邊際利潤與固定成本即可。當邊際利潤越大，表示越賺錢（詳細說明請參考第二八一頁企業獲利的三大分析指標）。

此外，新訂單、自產與外包、新增設備、混搭產品、部門成果，或期間盈虧的掌握，只要採用總成本法幾乎都會出錯。關於這個部分，有興趣的讀者不妨參閱前面提過的拙作。

# 2

# 千金難買早知道，公司一定要有保留盈餘

對於任何企業來說，不進則退是永恆的宿命。

大環境的經濟年年成長，世道蒸蒸日上（按：一九六五年至一九七〇年，為日本的經濟增長期）。產業成長率一旦低於經濟成長率，就會淪為夕陽產業，隨著總體經濟的占比越來越少，不景氣無疑是雪上加霜，就算景氣大好，仍得靠邊站。

這些夕陽產業因為陷入惡性循環，最後往往走上倒閉一途。除非產業能夠轉型，否則很難東山再起。

另一方面，即便所屬的業界前景大好，景氣甚至比國內經濟成長率來得高，也不能因此而懈怠。

無論是哪個產業，競爭都非常激烈。一旦不能站穩腳步，就有可能會被競爭對手超前，甚至墊底。話說回來，業界的排行一般是根據市場占有率（按：某一時間，一個公司的產品，在同類產品市場銷售中占的比例或百分比；以下簡稱市占率）而定。凡是市占率偏低、被邊緣化的公司，往往面臨經營危機。

因此，每一家公司都必須維持高度成長，成為業界的領頭羊。與此同時，努力守護這份得來不易的成長。

然而，企業的經營瞬息萬變，一年一次或兩次的結算報告，極可能錯失先機。單看每個月的業績走勢圖，因為有淡旺季之分，並不容易掌握公司的成長狀況。

依我來看，還是年度統計表最具有公信力，由月分回溯過去一年的業績。如此一來，每個月分都包含在裡面，就沒有淡旺季的問題。

簡單的說，就是用年度結算每個月的業績。如此一來，只要看趨勢圖的走向，就能知道業績是成長還是衰退。

我經手的案子一般按季度結算，而且至少是三個季度。然而，遇到業績成長明顯停滯的時候，我就會要求客戶提出年度統計表。例如，有家公司明明業績已有衰退的徵兆，經營者卻毫無察覺。其實，像這樣的公司還不少。

年度統計表除了是公司業績的指標以外，也有助於提前察覺該業界的景氣變化。一般來說，只要業界正常發展，年度統計表的曲線必定向上。上升曲線代表經濟好轉，下降則意味著景氣低迷。山峰與谷底的走向隱藏著端倪——當往上的走勢減緩，代表好景不常；而曲線從谷底翻轉的時候，就是欣欣向榮的徵兆。

所謂千金難買早知道。事先察覺景氣的動向，做好萬全準備，對於企業的經營何等重要就無須我多說了。

## 公司節稅的武器：未來事業經費

這是我自訂的會計科目。在進入正題以前，我想先引用平林忠雄、也就是田邊製藥董事長的一篇文章來說明。

這篇〈企業盈利的見解與思維〉發表於一九六四年三月一日號的《實業日本》雜誌。

所謂的盈利，有一個極其重要的前提，那就是扣除稅款與固定資產折舊的所有款項後，是否還有盈餘，以及事業發展所需資金是否充足。

對於企業而言，努力創造利潤，確保一定的保留盈餘（retained earnings）[30]至關重要。然而，企業經營注重的是長遠發展，而不是眼前的利益。例如，人才培育、商品研發、生產設備效益或工作效率，甚且銷售或採購單位（這一點國內外均同）等，都是拓展事業版圖的前瞻性計畫。表面上的利潤再亮眼、獲利表現再怎麼攀高，也不能保證公司未來的發展。從永續經營的角度來看，保留盈餘與前瞻性計畫同樣重要。唯有不斷的努力再努力，才能讓公司蓬勃發展。

這裡提到的前瞻性計畫所需的資金，就是我說的未來事業經費。隨著競爭越趨激烈，企業如果只專注於眼前的事業，不懂得未雨綢繆的話，就會有潛在的倒閉風險。

因此，我們甚至可以說，為了創造公司的未來，如何將費用成本發揮到最大，攸關一家公司的命運。儘管未來事業經費在短期內較難看出效益，卻是企業真正的資本。

現在已經不是靠著賺錢，便可以讓公司高枕無憂的時代，只要新事業的觸角稍微遲鈍，就可能導致公司營運陷於困境。這個時候，就算之前賺得再多，也只是拆東牆，補西壁。

正因為如此，我認為，任何企業都必須另外建立未來事業經費。

如第二六二頁之表6-11所示，首先擴大現有事業的獲利能力，其次是確保經營所需的基本利潤以後，將剩餘資金投入未來的事業經費，並同時加強研發團隊、行銷網與人才的培育。

放眼未來，**尋求利益最大化早已跟不上時代**。如果想法傳統，以為成本低就有錢賺，一味壓低成本的話，犧牲的又是什麼？當然是開拓事業版圖的經費。雖然刪掉這些經費，對當下的業務並不會有任何影響。遺憾的是，社會上多的是這種短視

---

30 指公司歷年累積之純益（淨利），類似存款預備金，可因應未來財務需求而有不同之用途。

**表6-11**

| | |
|---|---|
| | 營業額 |
| －） | 事業之現有經費 |
| | 事業之現有利潤 |
| －） | 事業之未來經費 |
| | 淨利 |

近利的公司，最後自食惡果。

所謂降低成本，只適用於現有的事業經費。就像父母（經營者）為了培養孩子（未來事業），會將三餐（現有的事業經費）併兩餐（節省）吃。

此外，未來事業經費也可以用來節稅[31]。既能創造公司的潛力、又能節稅，可謂一石二鳥。

[31] 依《臺灣中小企業發展條例》第三十五條規定，中小企業投資於研究發展之支出，在不超過當年度應納營利事業所得稅額三〇％限額內，得擇一於支出金額一五％限度內，抵減當年度應納營利事業所得稅額；或於支出金額一〇％限度內，抵減自當年度起三年內各年度應納營利事業所得稅額。

# 3 降低成本很重要，但不是生存的首要目標

做生意就是為了賺錢，掌握成本、節省支出不僅合情合理，也有其必要性。然而，開口閉口：「成本多少？」或者「算過成本沒有？」不僅讓人耳朵聽得生繭，更令人無法苟同。

事實上，降低成本並不能保證業績蒸蒸日上。有時一旦誤用了總成本法，還可能導致決策錯誤。所以，只要有客戶提到降低成本，總會被我打回票。

這個道理很簡單。所謂成本，就是每一筆生意的花費。但大老闆們卻往往只在成本支出上錙銖必較，而不是檢視公司的進帳，或是想辦法拉高營業額。

這就好比市井小民每天省吃節用，卻不懂得將心力用在想辦法多賺點錢一樣。

只有節流卻沒有開源，又要如何安居樂業？

那麼，開源要怎麼做？答案是：知道真正的收入來自何處。對於企業來說，真正的收入並非指營業額。

企業一般是將購買的材料進行加工後，再開始銷售活動。

假設A公司花了五百萬日圓買進一批材料，加工以後，以一千萬日圓的價格賣出。簡化成公式的話，就是：

**材料費＋加工費＝營業額。**

**五百萬＋五百萬＝一千萬。**

其中的五百萬日圓加工費，才是A公司真正的收入。這在經濟學，被稱為附加價值（Value Added，指在生產或勞務的過程中，最後所增加的值），亦稱為生產毛額或者加工成本。

材料費只是一種統稱，除了採購的材料以外，還包含服務費（如外包費等）。

這些相關費用為外部購入，就本質而言，屬於變動成本的一種。

採購費用與內部的生產環節無關，因此只要從營業額扣除這項費用，就能看出公司真正的產值。例如，某家貿易公司花了七百萬日圓進口一臺機器，再以一千萬日圓賣出，其中的利潤就是：

一千萬－七百萬＝三百萬

換句話說，三百萬就是這筆買賣的附加價值。

讓我們回到上一個案例，該筆生意的附加價值雖然高達五百萬日圓，但是人事費與經費就各花兩百萬日圓的話，那麼計算公式就得改成以下：

加工費－（人事費＋經費）＝利潤。

五百萬－（兩百萬＋兩百萬）＝一百萬。

其中的人事費與經費因為是公司的內部成本，所以可以視作固定成本。

一般來說，附加價值被定義為：「產品或服務之總生產值中，扣除掉外部購買的材料或半成品的費用後，所得出的產額。」

換成白話，就是企業透過各種努力所付出的成本與報酬的總和。如表6-13所示，就本質上來看，附加價值也可視作邊際利潤。

附加價值不僅是企業賴以生存的核心，也是產品價值的一種展現，更是市場接受度的指標。

**表6-13 企業的各種成本**

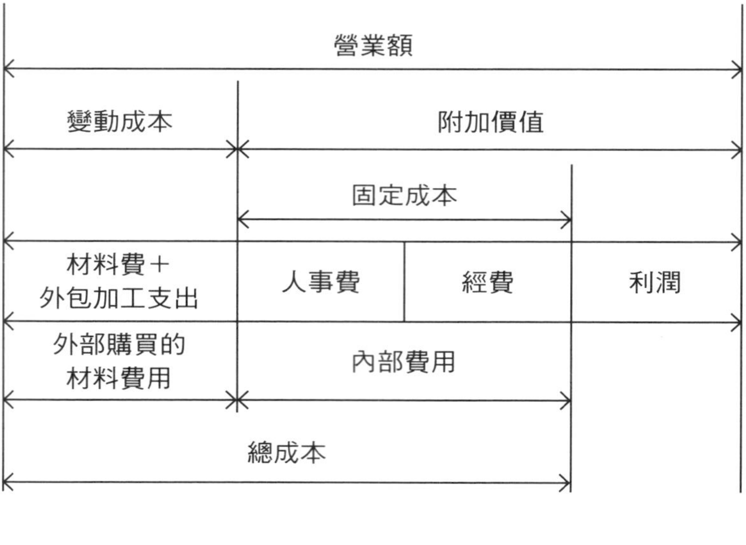

由此可知，企業的使命是提高創造附加價值的能力，提高生產力是拓展附加價值的實際方法，如果沒有辦法增加營業額，就無法將公司利益最大化。總而言之，附加價值就是衡量生產力最基本的概念。

為此，降低成本雖然有其必要性，卻不是企業生存的首要目標。任何企業都應該將創造附加價值視為第一要務，並藉此提升業績。

以附加價值的角度來看，提高生產力有以下兩項重點：

1. 擴大營業額的附加價值。首先是研發新產品，其次是發掘事業。與其想方設法的降低成本，這兩個基本步驟才是優先考量。刪減原材料與外包費的支出則是下下策。

2. 提高附加價值的利潤。這個利潤來自於現有事業的獲利能力。因此，除了提高作業員的工作效率以外，還必須減少非必要的支出。

# 4 所有的數字要連看三個季度

對生產力有基本認知以後，接下來讓我們來探討經營者該如何透過提高生產力，增加產品的附加價值，帶領企業更上一層樓。

所謂生產力，就是產出（output）與投入（input）的過程（按：公式為產出除以投入）。我們必須先掌握公司整體的生產力，再依次檢視與討論其中的細項。

與生產力相關的項目有資本設備、勞動與工資，以及依產品別（Product）與部門別（Function）區分的生產力（按：前者按生產線區分，後者按專業領域將工作歸類）。本章節僅針對資本、設備、勞動與工資探討。

有鑑於單一季度的絕對值雖然能反映趨勢，但無法看出問題所在，所以我列出了三個季度來比較（請參考下頁表6-14）。這是因為，即便生產力不足，但只要絕對值呈上升趨勢，就代表目前的方向是好的。反過來說，絕對值再怎麼高，一旦出現停滯或者下滑的徵兆，就不任由事態發展。

首先，我將第一個季度的指數設為一百，再回溯前兩期的表現。之所以多一道程序，是因為任何數值與上一個季度相比並無意義，即使表現得比上一個季度亮眼，也可能比上上個季度來得差強人意。

除此之外，指數之所以是指數，必定有一個對應的標準。

例如，營業額對應的是附加價值；附加價值的指數只要低於營業額的指數，就值得警惕。

這個時候，就必須透過產品的混搭，來提高附加價值，或者找出原因出在何處（請參閱第二八一頁）。

其次是，根據附加價值的指數，與其他項目的指數相互比較。

比方說，總資本的調度是否靈活，設備的應用是否發揮效益（設備雖然有折舊的問題，其實折舊率不高，應該當用則用，而不是直接淘汰），勞動或工資的產能

## 表6-14

| 項目 | ××季度 | | ××季度 | | ××季度 | |
|---|---|---|---|---|---|---|
| ① 營業額 | | 指數<br>100 | | 指數 | | 指數 |
| ② 附加價值 | | 100 | | | | |
| ③ 總資本 | | 100 | | | | |
| ④ 設備<br>（或固定費成本） | | 100 | | | | |
| ⑤ 人員 | | 100 | | | | |
| ⑥ 工資 | | 100 | | | | |
| ⑦（④÷⑤）<br>勞動裝備率 | | 100 | | | | |
| ⑧（②÷③）<br>總產能資本 | | 100 | | | | |
| ⑨（②÷④）<br>設備產能 | | 100 | | | | |
| ⑩（②÷⑤）<br>勞動產能 | | 100 | | | | |
| ⑪（②÷⑥）<br>工資產能 | | 100 | | | | |
| ⑫（⑥÷②）<br>工資分配率 | | 100 | | | | |

是否低下等。特別是研判工資調漲是否反映在生產力上。

關於工資分配率的部分，請參閱第九章的說明（第三四四頁）。

# 5

# 提高工資率是假議題

所謂工資率（wage rate），就是在單位時間內所產生的工資（附加價值，亦即勞動價格）。簡化公式如下：

工資＝工資率（元／小時）×實際工時。

（按：工資率為舊式說法，此算式可算出每小時基本工資。）

工資率的原理十分簡單，但真正能理解其中道理的人其實不多，會運用的人更是少之又少，才會造成現今各執一詞的亂象。甚至，已影響到生產力、工作效率而不自知。

一般來說，企業的外包工資都有一定的工資率作為參考標準。雖然工廠的等級不盡相同，但是代工價格卻有一定的行情。

事實上，這種思維正是一切錯誤的開始。舉個例子來說說吧。

## 1. 某代工廠老闆的苦水

「母廠說降價就降價。我們能怎麼辦？只能換掉舊的機器與設備，想辦法提高作業效率。沒想到母廠得知以後，竟然派人前來調查工時，也不管我們同不同意，就比照先前的工資率調降承包價。這麼一來，每小時的工資又回歸原點。問題是這些設備都是新添的，折舊費（Depreciation Expense；指資產價值會隨著時間耗損，但仍保留部分物品價值；通常被企業用來美化財報）跟貸款的利息還得照付。早知如此，當初還費什麼勁？除此之外，產能提升後，搬運費與倉儲費也是一筆不小的開銷。我們負擔這麼重，工資率怎麼可以不升反降呢？

「這麼明顯的事實，母廠全當看不見，我們還為了提高效率花大筆資金，簡直就是傻子。反正他們再囉嗦什麼，我也不想聽了。再這麼下去，大家只能喝西北風。所以，我們也有在跟其他公司接洽。」

## 2. 某廠長的苦水

「訂單有是有，就是工資太低，怎麼做怎麼賠本。有一次，我實在氣不過便去跟母廠理論，他們竟然回答：『一切都是按照規定辦理，就是貴工廠的工資率乘以本公司的工時。』天啊，什麼跟什麼。他們的設備那麼新，同樣的製程兩三下就做完了，不然工資率怎麼會是我們三倍。

「老實說，我也不是那麼斤斤計較。如果他們的說法是母廠工資率×內定工時＝承包工資，即使虧個五％或一〇％，我也就只能摸摸鼻子。可是代工廠工資率×母廠工時的算法也未免欺人太甚。這個問題還有得喬。不過，對接的窗口根本搞不清楚狀況，真的是讓人傷腦筋。」

說起來代工廠也是無妄之災，每天被這些問題窮追猛打。

不過說來說去，母廠才是始作俑者。市面上關於外包管理的書籍雖然多如牛毛，談論到工資率卻很少。尤其有些作者明明缺乏會計概念，卻對此大談闊論。最大的原因，就是很多人根本搞不清楚工資是怎麼一回事。

所謂工資，就是〔工資率〕×〔實際工時〕。例如，某個產品由A、B兩家公司分別加工，即使工資率較高，只要降低工時，工資就相對便宜。

工資率×實際工時＝工資。

A公司　八日圓／小時×一〇小時＝八〇日圓。

B公司　一〇日圓／小時×七小時＝七〇日圓。

回到先前的案例，該母廠在意的其實不是工資率，而是付了多少工資。因此，工資率的高低，或者工時都不是問題的核心。重點是工資率乘以工時得出的結果。

所謂提高作業效率，說穿了就是節省工時，而最直接有效的辦法就是引進新設備。然而，如此一來又會使得工資率上漲，上演雞生蛋、蛋生雞的問題。其實，不管工資率如何攀升，只要控制好工時，工資就能夠配合母廠的要求。

換句話說，工資率根本不是問題；**如果要提高工資率，減少工時才是符合現代化的趨勢**。

有位老董曾問我：「我們家的工資率連八日圓都不到，卻被母廠抱怨連連。您怎麼看？」

工資率之所以被檢討，一般被認為是由於作業效率過低，或是企業的經營過於散漫。但老實說，搞不清工資率不等於工資，總以為工資率越高，工資也勢必調漲，這類想法才是一切問題的根源。

尤其不少人以為工資率都是母廠說了算。殊不知還可能因此拖延或阻礙降低成本的計畫，影響企業的經營效益。

對於代工廠來說，即便因為換了一批最新的設備，可以縮短工時，但只要工資率沒有調漲，一切的努力不僅無效，反而適得其反。於是，代工廠為了確保作業員的工資，只能虛報工時。儘管如此，這也不全然是代工廠的問題。

但如果，母廠大張旗鼓的去代工廠調查，擅自以母廠的工資率，重新估算工資

## 表6-15　工資與實際工時的迷思

10分鐘／100日圓工資　　$100\text{日圓} \times \dfrac{400\text{分鐘}}{10} = 4{,}000\text{日圓}$

8分鐘／90日圓工資　　$90\text{日圓} \times \dfrac{400\text{分鐘}}{8} = 4{,}500\text{日圓}$

的話，就等於讓代工廠走投無路。如此一來，別說要代工廠配合了，只會造成雙方的信任關係破裂。

另一方面，如果代工廠不服上令的話，也會面臨進退兩難的困境。

其實，母廠向來在意的是工資，而不是工資率，因為工資才是他們必須支付的。所以，代工廠該思考的是如何降低工資，配合母廠的要求。

例如，某筆訂單的平均工資為一百日圓，而母廠要求調降一〇%的話，重點不是在工資率上討價還價，而是要想辦法將工資壓到九十日圓，才會有利潤。如果一天的工時以四百分鐘計算，只要將十分鐘的製程壓縮在八分鐘完成，那麼收入反而是不減反增（如表6-15）。

得出的盈利不僅可以用來提高作業的效率，幫工人加薪，還可以挪做下一期的改善計畫或者營運的資金。如此一來，就不是單方面受益，而是母廠、代工廠與作業員三贏。這才是企業的生存法則。

以代工廠的立場來說，明明節省了工時，但是工資率照舊的話，自然是做多少虧多少。一個唯利是圖的母廠，對於代工廠來說，跟吸血鬼沒什麼兩樣，也欠缺商業頭腦。因為母廠如果只顧著自己的荷包，不讓代工廠也有錢賺的話，又要他們如何改善作業流程，提高工作效率？反之，不管母廠怎麼要求，代工廠都有利潤的話，當然會想辦法配合。

該降的工資沒降，反而在工資率問題上打轉，難怪生意會做不好。

一知半解的戰術向來是兵家大忌。工資率一旦用錯方向，就會成為產能提升的絆腳石，拖延降低成本的進度。換句話說，就是挖坑給自己跳。

工資率與其用在外包工資的計算上，更應該積極的用來檢視或評估公司的獲利能力與生產力。關於相關做法，我會於下一節另行說明。不過，在此之前，先讓我們來看一看工資率是怎麼計算的。

那就是損益平衡工資率、標準工資率、實際工資率。

## 表6-16　三種工資率

$$\text{損益平衡工資率} = \frac{\text{過去某段時間的平均固定成本} + \text{預測之增值固定成本}}{\text{預計直接人工時數}}$$

$$\text{標準工資率} = \frac{\text{過去某段時間的平均固定成本} + \text{預測之增值固定成本} + \text{必要利潤}}{\text{預計直接人工時數}}$$

$$\text{實際工資率} = \frac{\text{特定時間內（或特定商品）的附加價值（工資總額）}}{\text{實際工時}}$$

＊在臺灣，標準工資率：標準工資總額／標準總工時；實際工資率：實際工資總額／實際總工時。一倉定認為工資率並非重點，而是要從附加價值（售價減去變動成本），以及投入工時的角度，來判斷企業的獲利能力。

工資率既然是評估指標之一，計算公式必然有期間的設定（請參閱上頁表6-16）。基本利潤是獲利的目標，沒有明確的目標，何來利潤可言。

另外，代工廠也不能置身事外。因為不管是母廠，還是代工廠，賺不到一定的利潤，大家都得餓肚子。如果不能想好對策，掌握營運所需的基本利潤，公司就只能坐以待斃。賺多賺少其實不是問題。重要的不是多多益善，而是掌握基本利潤，讓每一筆生意的獲利都能高於基本利潤，這才是企業賴以生存的唯一法則。

那麼，基本利潤該怎麼設定？其實倒也不難，我們不妨參考田邊的妙方：

代工廠……從業員每人每年貢獻的盈利，含稅至少十萬日圓以上。

自家工廠……從業員每人每年貢獻的盈利，含稅至少二十萬日圓以上。

這個指標簡單明瞭，值得中小企業多加利用。

# 6 企業獲利的三大分析指標

過去在計算成本的時候，總是依產品或部門個別計算。這種思維談不上好壞對錯，檢視範圍卻過於狹隘。

糟糕的是，結果往往與現實落差太大。事實上，設定成本應該從大局考量，而不是分門別類的計算。例如，透過產品組合（product assortment；亦稱產品搭配，指將功能相似的產品賣給同一群顧客或銷售通路），將公司整體的利益最大化，並觀察與檢驗各部門的成果，進而研擬拓展事業版圖的對策。

所謂獲利能力（earning power，也稱收益能力）分析，就是清楚掌握哪些產品的市場已趨於枯竭、哪些產品才是主力所在，以及行銷策略的實際效果，公司內部問題等。

尤其經濟情勢與業界瞬息萬變，企業為了因應及永續發展，應研擬出順應時代的經營策略、檢討內部的管理方針，進而訂定因應對策。而其中的關鍵之一，便是獲利能力分析。

接下來，讓我們以下頁表6-17為例，來探討產品別獲利分析（按：又稱客戶別獲利分析）。

產品別獲利分析主要應用於執行策略、簡化業務。

分析的第一步是觀察附加價值的絕對值。接著，再依照絕對值的順位，與以下三項標準比較附加價值與單位時間的工資率：

1. 高於標準工資率。
2. 低於標準工資率，但高於損益平衡工資率。
3. 低於損益平衡工資率。

再來就是逐一比對絕對值與兩者的消長或工資的高低，並研擬因應對策，以提高獲利能力。特別是當產品長期低於損益平衡點時，往往會拖垮業績，必須盡快處理。但是，其中也不乏一些誘餌商品（按：具有誘餌效應〔decoy effect〕的商品），雖然利潤低，卻能抬高其他產品的銷售量，因此切忌因小失大，得不償失。

除此之外，如果產品停產之後，仍然能為其他產品帶來效益的話，也不應該輕易放棄。否

## 表6-17 ○○月產品別獲利能力分析表

| 品項 | 產銷數量 | 單位產品附加價值 | 附加價值小計 | 順位同左 | 工時 | 單位時間附加價值 | 順位同左 |
|---|---|---|---|---|---|---|---|
| | | 日圓 | 日圓 | | | 日圓 | |
| | | | | | | | |
| | | | | | | | |
| | | | | | | | |
| | | | | | | | |
| | | | | | | | |
| 合計 | | | | | | | |

則，就失去了原有的附加價值。

接下來，讓我們來看看部門別獲利能力分析（請參考表6-18）。

這主要用於分析內部的經營成效，也就是檢視部門主管的業績。部門別的分析與產品別不同，必須觀察傾向，而不是絕對值。因為部門的獲利能力須視成本費用而定，但這並不是部門主管可以決定的，屬於經營者的責任範疇。

那麼，如果用絕對值來檢視部門別獲利能力的話，情況會如

## 表6-18 ○○月部門別獲利能力分析表

| 部門 | 部門<br>附加價值 | 工時 | 單位時間<br>附加價值 | 同左<br>相對基期<br>指數 | 部門<br>工資 | 單位工資<br>附加價值 | 同左<br>相對基期<br>指數 |
|---|---|---|---|---|---|---|---|
| | | | | | | | |
| | | | | | | | |
| | | | | | | | |
| | | | | | | | |
| | | | | | | | |
| 合計 | | | | | | | |

何呢？會造成——只要有一項明星產品，該部門就能輕鬆拿下業績第一名；而手上盡是賠錢貨的部門，則是再怎麼努力，永遠敬陪末座。

然而，倘若是依照傾向來觀察的話，不管經手的產品多麼熱門，只要指數維持不動，就代表該部門不夠努力。相反的，即使經手的產品利潤不高，所有的努力一定會反映在指數上。

一般來說，基期月分的指數來自於上一個年度的平均值，用於檢視一整年的獲利能力，因此不可隨意變更。如果缺乏一定的標準，業績評估就會有失公允。

另外，將這個月的業績與上個月相比的做法，也是分析時的大忌。因為，這是見樹不見林的迷思，即使這個月的業績高於上個月，說不定比上上個月低。光靠前月比的增幅判斷一切的話，絕對是失之毫釐，差之千里。

另外，如果採用部門別計算（縱向）的話倒也還好，不過若是以依照產品別計算（橫向）的話，就得多加注意。

依產品別計算的時候，只需檢測各產品的實際工時、計算部門別的工時百分比，再乘以單位產品的附加價值，就能得出各部門的附加價值。此時，切忌一板一眼，或對於其中的加減乘除過於計較。因為部門別的獲利能力分析要看傾向，即使其中的數值多少有些出入，也不至於影響結果的判斷。

如上所述，唯有以獲利傾向為依據，才能確實檢視內部管理的績效。如果用錯方法，不僅會影響業績的判斷，還可能讓基層員工、各部門，以及高階主管無用武之地，導致瀆職腐敗。

最後是事務部門的獲利能力分析。由於這項數據無法用數字呈現，因此傳統的那一套幾乎派不上用場。於是，讓事務部門的冗員越來越多。不少公司身受其苦，且毫無對策。事實上，日本企業的生產力之所以日漸低迷，與冗員過多有很大的關係。而且，這些員工隸屬於現有的事業單位，對於未來事業的拓展無半點助益。

事務人員的評估其實沒有想像中的難。他們的工作無非是支援第一線的業務，就是幫忙推銷產品。因此，只要視為公司整體的附加價值即可。

具體做法請參閱下頁表 6-19。

評估方法與前面的表格大致相同。這項表格是我耗費多年心思才得出的分析模式。透過相對基期指數，可以很快判斷出員工對公司的實質貢獻。

## 表6-19　○○月事業部門獲利能力分析表

| 整體附加價值 | 部門 | 人員 | 每人附加價值 | 同左相對基期指數 | 部門工資 | 單位工資附加價值 | 同左相對基期指數 |
|---|---|---|---|---|---|---|---|
| | | | | | | | |
| | | | | | | | |
| | | | | | | | |
| | | | | | | | |
| | | | | | | | |
| | | | | | | | |
| 合計 | | | | | | | |

換句話說，即便聘用的人再多，如果不能製造附加價值，指數依然會吊車尾。此外，這項表格也能用來解決冗員問題。

# 7

# 重點不是財報，而是數字背後的具體對策

從事生意買賣的人都應該知道財務分析的重要性。然而，到底有多重要？以下我們先來看看傳統說法。

財務分析的目的不外乎：

1. 審視資本的收益、運用與風險。
2. 透過盈虧的比例，計算資產結構、負債結構與其中損益，進而評估合理性。
3. 檢討資產的庫存量與結構，是否有利於事業經營。

上述這些理論看似有模有樣，然而我卻認為，這些理論根本是混淆視聽。

傳統財務分析評估的是，一家企業的經營能力，能作為投資家或者投資客在買賣股票的參考，或是能否取得金融機關貸款的依據。

換句話說，傳統財務分析是做給外面看的，而不是用於內部的評估與檢討。分析重點不是與其他公司相比，就是拿業界標準來比較。於是，報表上總是一堆抽象的百分比。然而，這樣的財務分析對於公司有何助益？即使判斷出經營能力的優劣又如何？

就好比體檢的時候，我們經常會聽到醫師說：「收縮壓為一百六十毫米汞柱。因為標準值是一百四十，所以超標二十。」

如果再向醫生請教該注意哪些事項，醫師還是淡淡的說：「避免血壓超標。」

其實，病人想知道的，不過是自己怎麼平白無故就得高血壓了，還有日常生活中，該注意些什麼罷了。

傳統的財務分析就像這種不近人情的醫師。經營者最迫切的資訊一概不提（其實是不知道怎麼建議），盡說一些淨利率[32]（Profit Margin）不如預期、基金周轉率[33]

（Turnover Rate）過低、毫無建設性的數據結果。只將問題攤在紙上，卻沒有具體的解決方法，這種財務分析有跟沒有都一樣。不如說更像一堵牆，反而讓經營者手足無措。

事實上，企業需要的是掌握內部的問題與具體對策，以及有助於企業鴻圖大展的財務分析。

我將這種財務分析稱為「實戰型財務分析」（表6-20）。

實戰型財務分析需要具備以下要素：

## 表6-20　實戰型財務分析的重點項目

| 分析項目 | 目的 | 比喻 |
| --- | --- | --- |
| ① 營業利息折扣率 | 資金週轉之綜合性評估 | 體溫 |
| ② 總資本收益率<br>＝淨利潤×平均資產總額 | 資本效益之綜合性評估 | 體力 |
| ③ 年度營業額 | 成長性檢測 | 年輕 |
| ④ 業績、固定成本、附加價值、固定成本與利潤之相關分析 | 費用效益之檢測 | 體質 |
| ⑤ 總資本、設備、勞動、工資等附加價值之相關分析 | 生產力之檢測 | 活動力 |
| ⑥ 損益平衡點 | 風險之檢測 | 健康狀況 |

## 1. 分析傾向

要判斷絕對值的好壞，必須先觀察數值的傾向。例如，只喝得下粥的病人，如果不好好治療，永遠吃不了米飯；而虛弱到只能灌米湯的病人，對症下藥的話，卻能漸漸喝粥。病人的飲食會隨著病情與治療方法而有所不同。遺憾的是，傳統的財務分析往往只看到病人身體虛弱到只能喝粥，從不去想怎麼治療才能吃上米飯。

## 2. 具體事項

傳統財務分析大多運用比率來呈現數字，但這也是許多人抗拒看報表的原因之一。因為抽象的比率對於具體對策沒有參考價值，而且比起抽象的比率，務實的人更在意營業額，材料費、人事費、利息或者貸款之類的具體事項。

---

32 稅後淨利占營收的百分比。淨利率＝稅後淨利÷銷貨淨額，通常用於內部對比。

33 有交易的資產除以總資產。

例如，與材料費相關的比率，就有資產報酬率[34]（Return On Assets）、營業淨利率[35]、資本周轉率[36]（Turnover of Capital）、流動比率[37]（Current Ratio）、流動周轉率、應付帳款周轉率、原材料周轉率、半成品周轉率等。更別說人事費或貸款了。換句話說，只要觀察這些項目的數值是否有問題、重要性與如何因應即可。

### 3. 檢視員工的效率

公司的財務數據其實就是員工努力的成果。企業應該從財務面，評估員工的工作表現，也就是生產力。

---

[34] 指在某一段時間裡，公司運用資金和貸款，能創造出多少獲利比率。
[35] 指淨利潤與營業額的比率，它反映企業營業額創造淨利潤的能力。
[36] 又稱淨值周轉率，表示為可變現的流動資產與長期負債的比例，反映公司清償長期債務的能力。
[37] 公式：流動比率＝流動資產÷流動負債；數字越高，代表越不容易遇到金流危機。

# 第 7 章

# 無法拿出成果的教育訓練，都在浪費時間

# 1

# 學游泳就得被水嗆，別在岸邊光說不練

世界二次大戰後，日本各大企業為了仿效歐美，紛紛引進員工培訓。這股風氣最近也盛行於中小企業。憑良心說，任何培訓，我都舉雙手贊成，這是企業界的共識。然而，我擔心的是課程內容。如果員工培訓僅以歐美為師，我們應該反思它的成效，而不是只學半套。

當然，員工培訓確實有一定的效果。但我認為，成效大多不彰。這該怎麼說呢？這就好比麵粉工廠，小麥碾成粉粒以後，還得用好幾十個大網不停的搖晃，才篩得出一小撮潔白細緻的麵粉一樣，既耗費工夫又無濟於事。

但是，麵粉工廠慢工出細活，製程至少不會一年比一年差，員工培訓的品質卻是逐年下降，搞到最後有些公司索性不辦。而且，除了成效不彰以外，負面影響還超乎我們的想像。儘管如此，大多數的人卻不當一回事。

首先，日本國內的員工培訓大多直接複製美國的做法，但也因為忽略國情差異與生活習慣的不同，因此大多成效不彰。例如，內容無法因應日本企業的需求。

再來就是，培訓理念與課程跟不上時代。這些課程自引進以來，從來沒有人想過增減內容，或者有任何創新之舉（按：指此書出版時的企業狀況）。這種食古不化的陋習，簡直跟那些僵硬的財會思維有得比。令人不解的是，面對時代的動盪，工業社會都能夠順應時勢，與日俱新，卻只有員工培訓依然一成不變。俗話說：「學如逆水行舟，不進則退。」不懂得與時俱進的員工培訓，又派得上什麼用場？

當萬年如一日的員工培訓，與瞬息萬變的現實生活互相碰撞，自然派不上用場。企業培訓的目的，原是為了培養員工實戰的思維與態度。一旦與現實脫節還有什麼意義？也難怪，呼籲本土化的聲量越來越高。

員工培訓引進至今，各種研習機構如雨後春筍般竄起，遺憾的是，派頭雖然氣勢十足，卻毫無內容可言。

試想在那個列強環伺的江戶末期，還有「松下村塾[38]」的民間力量作為明治維新的後盾。現在呢？

杜拉克說過：「企業經營注重的是，有效且適當的執行與貫徹到底。凡是無法拿出成果的理論，根本不值得一提。」然而，日本的員工培訓卻反其道而行，全是空口白話的表面功夫。

我的老同行田邊曾說道：「學游泳就是得被水嗆，而不是在岸邊光說不練。」可不是嗎？這才是員工培訓的真諦。

除了職業技能與部分的專家培訓以外，業界的課程往往過分看重知識與技能面，賣弄一些小聰明。

就像田邊說的：「整天將學問掛在嘴上，反而暴露自己的無知。」

如果人格的養成是學校的使命，那麼人才的培訓就是企業的目的。

這道理明明如此淺顯易懂，各種教學方法、Know-how卻充斥於市面上，使得員工培訓完全走調。

## 課本沒寫的洞察力、行動力，才是教育員工的重點

所以，美國人才會不客氣的批評：「日本人最會模仿別人，可是卻永遠四不像。」雖然聽起來刺耳，卻也不無道理。

就以我們家來說，大大小小的品牌家電，幾乎沒有一個合乎標準。例如，同步馬達的洗衣機一個月就壞掉了、電視的調諧器（按：接受無線電波，並將其轉換成音頻訊號）只有三個月的壽命、防水手錶撐不過一個夏天、熱敷墊抵擋不了寒冬的考驗，更別提煤油暖爐的油表用不到半年就失效。這些家電可都是國內響叮噹的大品牌，卻因為投機取巧，忽略何謂企業的價值而砸壞自家的招牌。

其實，不論是產品製造或者人才培育，徒具形式的模仿往往毫無作用。即使將

38 松下私塾創立於一八四二年，位於長州藩荻城之松本村（現為山口縣荻市）。吉田松陰接掌以後作育英才無數，為明治維新打下基礎。

美國的那一套學得有模有樣，也學不來其中的精髓。

尤其，歷史背景對人類的行事風格與思考模式，有著極大的影響。美國的先民當初漂洋過海來到那一片新大陸，對島上的毒蛇猛獸與傳染病完全束手無策，因此只能自立自強，或者依靠家人與朋友的群體力量。當適者生存成為至高無上的叢林法則，有誰還會在意那些細枝末節？所以對於美國人來說，不按牌理出牌就是家常便飯。

而兩千多年來，日本的子民之所以臣服於開國神武天皇（按：公元前六六六年至五八五年，日本神話中第一位日本天皇，也是日本國父）的威權統治下，無非是基於生命與財產的考量。

換句話說，就是跳脫不了仰人鼻息的心態。

礙於自古以來的民族性，日本人即便將美式作風學得透澈，也無法真正理解他們的精神。事實上，吃苦本來就是人生的必要過程。日本人雖然比美國人過得安逸，換個角度想何嘗不是一種損失。

面對一群安逸的日本人，要他們乖乖埋頭苦幹談何容易？這就是日本的員工培訓總是雷聲大雨點小的原因，不論是教導者還是接受指導的一方，都有相同的弊病。然而，對於產業界來說，卻幾乎看不到任何改變。

市場的自由化與對外開放已成趨勢，面對驍勇善戰的先進國家，日本必須在激烈的競爭中，走出和別人不一樣的路。前方道路艱辛，亦不難想像。例如，一九六四年（亦稱昭和四十年蕭條）的經濟蕭條就是第一道試煉。未來只會越加嚴峻。然而，俗話說福禍相倚，克服危機的過程反而是一種鍛鍊，藉以激發出不同的思維。

或許我的主張過於理想化，卻絕對是真心話。

無論如何，文化差異都不能成為放棄員工培訓的藉口。唯有排除萬難，讓員工培訓在日本扎根，才是借鏡美國的目的。

換句話說，培訓內容除了知識與技術以外，還應該教導員工何謂精神、毅力、智慧、洞察力、判斷力、決斷力與行動力。

首先，講師或指導者應該先自我教育，以便培養員工的品性。

所謂作育英才，身為英才的老師也應該具備作育的能力。

## 小心花大錢培訓，變自打臉

雖然員工培訓不能光靠知識與技術，但也不代表被我全盤否定。事實上，知識與技術不僅重要，我們還應該盡可能的吸收與學習。只不過傳統的教法經常適得其反——教導者習慣紙上談兵，而學習者則是被動學習、死讀者。

然而，紙上談兵除了過於理想，當現實與理想之間產生落差，還可能讓員工對培訓課程產生質疑，或是因憤世嫉俗，批評現實的不是。

一旦如此，後果就不堪設想。雖然員工對組織或責任權限有不滿也是人情之常，但是抱怨久了，難免無限上綱，並導致公司逐漸失去向心力。公司花下重金與時間培訓，到最後卻是拿石頭砸自己的腳。這樣的結果對於公司與員工來說，都是慘痛的教訓。

問題是，沒有一個培訓機構察覺到這個危險性。

所謂培訓並非一股腦兒的輸出知識，重要的是讓員工知道企業的真實現況。同時激勵他們自我提升，以便為公司貢獻一份心力。對於我來說，培訓的真正意義在於教導職場的社會人士，如何兼具智慧與勇氣。

# 2

# 經營者的所作所為，就是最好的教育訓練

接下來，容我引用一篇田邊製藥的董事長平林忠雄，在一九六四年十二月一日發行的《實業日本》雜誌發表過的文章。

我個人以為，只有懂得自學的人，才有資格教育別人。連自己都管控不好的人，又有什麼資格指導別人？因此，懂得自學的人在擁有權限以後，透過經驗傳承培育新人，才有資格將權限下放。而且公司內部也應該多加提倡自學教育。

近年來，日本興起一股培訓風潮，舉行了許多主管研習營，以及各式各樣的研

討會。我覺得這是一個好現象，也能夠提高員工的水平。然而，在培訓的同時，公司也應該營造進取向上的氛圍，讓全體員工認知——唯有自我教育，才能成為人上人，並藉此鼓勵大家充實自己。作為一名經營者，這一直是我努力的目標與方向。因為懂得自我學習、精益求精的員工，才是公司得以發展的關鍵。

部分員工因為學歷不高而自暴自棄，於是我希望能打破這個門檻，讓大家知道我們公司唯才是舉。其他像是跳槽來的，或與我們田邊製藥沒有淵源的人，也都有晉升的管道。我的人事方針就是團隊精神重於一切。凡是努力配合他人，懂得帶領大家發揮團隊精神的人，都會透過人事異動、加薪或者升遷給予實質的獎勵。

十年來，我就是透過這樣的理念，讓內部的氛圍煥然一新，帶領公司極速發展，同時擺脫凡事都往自己身上攬的重擔。一切的一切都是提升人為條件的功勞。

這位老董所謂的「自學教育」看似輕描淡寫，卻是他力挽狂瀾，讓一家瀕臨倒閉的公司起死回生、甚至鴻圖大展的關鍵。由此可知，高層的領導方針與實際作為，才是員工培訓的基本。

這就是日本經營學泰斗授說的：「缺乏升遷的動力，當然看不到培訓的成果。」企業培訓的目的無非提高員工素質，以便拓展業績。因此，落實這個目標，才是培訓的真諦，一味的拘泥於形式都毫無意義。

事實上，經營者的所作所為才是最佳範本。經營者必須教育員工，一切努力都是為了自己。不僅平林老董支持這個論點，連占部教授與魔鬼教練大松也深信不疑。更別說素有鬼才之稱的本田，成天將「為了自己拚命幹」掛在嘴上。

只要關乎自身的利益，我們吃再多苦也不怕，說什麼都會達成目標。主管該做的是給出一個方向，讓部屬各憑本事的自我成長。由此可見，平林老董提倡的「自學教育法」還真有兩把刷子。

## 3 庸才不是天生，是主管寵出來的

前幾年，文部省（按：現稱文部科學省，相當於臺灣教育部）國立教育研究所（現為國立教育政策研究所）的矢口新發表過一篇〈學校教育的反省〉的文章，讓我感同身受。以下請容我簡單介紹，與各位讀者分享。

學校教育的研究，習慣透過語言觀察師生互動，例如，老師的教學方式與學生的反應等授課內容。

然而，他在研究的過程中，發現研究對象大多是針對在課堂上有反應的學生，但事實上，該探討的不是對老師有問必答，而是完全沒有反應的學生。矢口認為這是長期以來不被學界重視的一環。

因此，他開始觀察那些上課毫無反應的學生。令人訝異的是，竟然高達八〇%的學生都沒有反應。如果一個班上只有二〇%的學生聽懂授課內容，剩下的八〇%為什麼會毫無反應？於是，他開始思考如何改善這個現象。

他得出的結論是自動自發，只有翻開課本認真讀，提起筆來寫作業，才會知道何謂學習。

西洋不是也有這麼一句諺語：「Leaning by doing.」（做中學）嗎？

具體而言，可以透過小組活動、學生會，或者美國心理學家、作家史金納（B. F. Skinner）提倡的編序教學法[39]（programmed learning，又稱循序自學法），教導學生如何自動自發。

以編序教學法來說，就是透過以下步驟，達到教育的效果：

1. 提供教材細目。
2. 積極的學生反應：刺激學生主動學習。
3. 立即的核對：展現自我判斷的能力。

4. 個別差異的適應：由學生自行確認成果。

編序教學法並不是用來彌補教師的不足，也不等同機械化教學，應用時必須多加留意。矢口的論文概要大致如上。

通篇看了下來，只記得當時心中無比震撼，也解開我心中多年來的謎團。俄國文學家托爾斯泰（Leo Tolstoy）在他的中篇小說《克萊采奏鳴曲》（*Kreitzerova Sonata*）中，有過這麼一句話：「那些總愛笑話別人受傷的人，說得好像自己都沒受過傷似的。」一直到此刻我才深刻體認這句話的真正含意。

唯有日常生活與工作中的經驗與努力，才是真正的學習。

企業的培訓也是同樣的道理，不能永遠停留在填鴨式教學，上完課就了事。鼓勵員工自動自發，才是培訓的真正目的。否則，員工培訓的品質就只會每況愈下。

---

39 學生自學的教學方法，將教材按程序編成細目，方便學生循序漸進的學習。

接下來，讓我們想一想怎麼樣才能讓員工自動自發：

## 1. 工作就是最佳教材

壓力能讓我們一夜之間長大。培育部屬、激發潛能的最佳辦法，就是讓他們負責從未經手的大案子。所謂「疾風知勁草，板蕩識忠臣」，就是這個道理。

人類的潛能無限，越是生死一線間、肩負重責大任，或者目標超乎尋常的時候，自然而然就會激發出無限的潛能，並因此而完成任務。

例如，木村義雄在勇奪將棋名人頭銜以前，不知下了多少功夫，只因為全家人的生計靠他扛。另外，素有創意老董之稱的市村清（日本的事務機器及光學機器製造商理光創辦人）也說過：「點子是那麼好想的嗎？總是想破了頭，歷經各種煎熬以後，才可能靈光一現。」

這就如同日本武俠小說的巔峰之作《宮本武藏》。日本國民作家吉川英治筆下的二刀流劍道其實沒有什麼訣竅。一乘寺的決鬥（按：指一對多人的生死對決），宮本之所以能戰勝，無非是在生死瞬間，無意識的爆發潛能罷了。

唯有試煉才能讓我們越挫越勇，踏上另一個臺階。真正的好主管不是為部屬遮風擋雨，而是狠下心，將他們逼上舞臺。

只知道**依照部屬能力給些無關緊要的工作，久而久之只會養成一群庸才。**

## 2. 從實務中學習

前面說過，讓部屬承擔責任，才能夠幫助他們成長。話雖如此，也不代表就可以放任不管。既然身為主管，就應該適時提供指導與建議。問題是一不小心就變成事事干涉，不知不覺中，主管又將事情全部攬了過來。

其中的拿捏沒有準則，也沒有因應方法，可以說是企業管理的灰色地帶。

因此，訂定出準則與方法才是當務之急。

最重要的是，這些課題不能委外處理。因為內部問題，只能靠內部自行解決。

## 3. 案例研究與模擬

最好的培訓模式，莫過於透過小組討論，促使員工主動思考並獲得啟發。

例如，設定企業類型、問題情境，讓員工練習從旁觀者的角度設想因應對策，然後加以提出討論。如此透過案例，訓練員工的自我思考能力。當培訓課程發揮不了作用的時候，只要列出特定的實際狀況，透過情境模擬，便能讓員工身歷其境，提高本身的業務能力。

以上兩種方法都是能讓員工自動自發，從工作中記取經驗的訓練方式。

我印象非常深刻，在企劃研討會的時候，學員對教學課程興趣缺缺，反而熱衷於案例研究與模擬。對於學員來說，講義上的知識書上都查得到，幹嘛浪費時間聽講。書本教不了的是行動，而行動取決於態度與思維。唯有案例研究與模擬，才能滿足學員的求知若渴。

就如同矢口的教育論所述，企業培訓應以培養員工自主行動與思考的能力為重點，所以那些知識或技術就交給書本代勞吧。基於上述理念，我也經常為中階主管提供培訓方法，希望能幫助他們提升獨立思考的能力。

我還特意避開許多已公開的案例與管理相關書籍，反而從教養、小說、報章雜誌中著手，讓學員們深入研究與討論。

沒想到我的培訓方法深受好評，甚至有公司特地向我致謝。對於我來說，倒是始料未及。我相信從今以後，正確的做事態度與思維，絕對是培訓的重點課程。

## 4. 對策會議

對策會議既可以視為培訓的一環，又可以解決實際問題。與會人員根據自己的層級與職務，報告各自的問題。透過原因的剖析與因應對策的設定，再統整成最後決議（請參閱第一三四頁）。

這個對策會議經過幾家公司的試行，同樣反應良好。問題一旦拿到會議上討論，兩三下就迎刃而解。而橫向溝通之所以不良，其實與中階主管無關，大多是高層的指示問題。如同我前面說過，內部溝通的障礙不在於橫向聯繫，而是上對下的問題。這個事實再次得到證明。

# 第 8 章

# 你是來上班，還是來交朋友？

# 1 主管最不該有的作為：以和為貴

素有日本經營學泰斗之稱的占部教授曾說：「日本向來以和為貴，二次大戰以後，引進美國的人際關係[40]（Human Relation Theory）理論，沒想到卻適得其反。」尤其對職場人際影響最大，造就了一群缺乏個性、凡事好商量、卻無法確實傳達工作的軟爛主管。

事實上，獨具創意、能夠推陳出新與態度積極的人，才是公司的資產。然而，這樣的人大多個性鮮明，一旦要求他們融入團體，等於扼殺他們身上那股才氣。如此一來，反而矯枉過正，對於企業而言，實為得不償失

通情達理的主管總是將心比心、設身處地為部屬著想，不會讓員工心生反彈。

但反過來說，部屬難道不能將心比心或設身處地的為主管著想？放眼現今的職場，不少主管對部屬是善待有加，部屬卻將之視為理所當然。令人匪夷所思的是，禮儀不是單方面的付出，而是禮尚往來。為什麼只有部屬可以有個性、無須注意基本的禮貌，主管又為什麼非得事事隱忍，才能顧全大局？

許多優秀經營者的格局都很大，不會計較眉眉角角。例如，以合成纖維起家的帝人（Tejin）公司，在董事長大屋晉三的勵精圖治下，不僅起死回生，還獨占業界鰲頭。他的員工行動指南只有以下五點：

1. 開拓視野，追求新知，放眼國際。
2. 奮發向上，不落人後，堅持自我。
3. 積極努力，據理力爭，一肩扛起。

---

40 始於美國哈佛大學心理學家埃爾頓·梅奧（George Elton Mayo）等人，所進行的著名的霍桑試驗。研究結果表示，影響生產效率的最重要因素不是待遇和工作條件，而是人際關係。

4. 堅定信念，排除萬難，貫徹到底。
5. 善用經驗，提高工作效率。

以上五點看似簡單，卻是做人做事的基本，也是企業衝鋒陷陣的召集令。換句話說，一家成功企業要革新、創新，那些格局過小的人際眉角並不是重點。

凡是信念堅定的人，就不怕職場的人事糾紛，即使一道又一道的牆擋住去路，也有能力一一排除。因為任何創意與革新，一定都會有批評與反對的聲浪。如果沒有一定的膽量，談何進步與革新。

對於日本的企業而言，最不需要的就是互相取暖、以和為貴。唯有積極進取，充滿革新思維的人力資源，才是企業今後的重點。

從前面的說明可知，美國的人際關係理論也不是十全十美，自有其不足之處。不過，問題到底出在何處？

歸根究柢，美國的人際關係理論，是針對工作內容一成不變的現場作業員，所設定的職場倫理。

## 別當員工績效的殺手

我還聽說某家美國企業對新上任的人事主管放話：「安撫好工人就是你的第一要務。」說得如此直接與斬釘截鐵，完全是美國人的作風。

其實，工人的情緒向來是美國企業的軟肋。

人際關係理論起源於三十年前，梅奧教授針對西部電氣公司在伊利諾依州的霍桑（Hawthorne）工廠所進行的一項產業實驗。他在《工業文明的人類問題》一書中說道：「實驗對象以工人為主，實驗的最大成果就是認知和人性。」然而，三十年後的今天，職場中的人際問題是否日漸緩和？

就像杜拉克在《彼得．杜拉克的管理聖經》中描述的：「剛開始這裡就是一個地基，連棚子也沒有。對於公司來說，我們跟這一片地基又有什麼兩樣？」美國的從業員一般泛指工人，不包含事務員、工程師或高階主管。

當初的實驗既然以工人為對象，便將工程師或高階主管排除在外。

話說回來，難道這些人就沒有人際關係的困擾？更何況這些人待得越久，經驗越豐富，資歷越高。可是，有些公司卻選擇視而不見，以為只要將工人安撫妥當就好。

## 2

# 組織上下和樂融融？這種公司很危險

現在市面上看得到的人際關係理論，大多停留在心理學的領域，著重個人的心理狀態。於是，許多主管對員工關懷備至，從心理到生理照顧的無微不至。唯獨忘了公司與員工身上背負的職責。

公司存在的目的不是營造一個和樂融融的空間，更不是心理諮詢的診所。公司的唯一任務是製造產品、行銷產品與提供服務。

例如，某家公司的老董是美式人際關係的奉行者，大小事情都與員工商量，公司上下和樂融融，就像一個溫暖的大家庭。可惜好景不常，這家公司撐不了多久就關門大吉。

所謂商量，代表事情需要討論，或者有一定的難度。如果凡事跟員工商量，就能解決問題的話，世上就不會有倒閉的公司。因為公司的方針來自董事長的信念，倘若董事長沒有負起責任，高瞻遠矚的帶大家往前衝，公司就不能存活下去。換言之，團隊能夠做的不過是營運層面，一家公司的生死最終還是掌握在經營者手上。

即便每天快快樂樂的上班，同事間和樂融融，一旦公司支撐不下去，不就白忙一場？因此，以和為貴絕對是企業的大忌。說到這裡，我突然想到某家公司的老董生意做得嚇嚇叫，卻是標準的顧人怨。他這麼跟我說過：「你以為我喜歡顧人怨嗎？問題是，如果我們也學美國那一套的話，只能等著關門。現實這麼殘酷，為了公司，我也只能扮黑臉了。」這位老董的考量無非是以公司為重。

**以和為貴的思維，即使營造出和樂的工作環境，不僅對公司的營運毫無益處，還可能適得其反**。

所謂人際關係，看重的是人與人的關係，而非公司的盛衰榮枯。例如，本田技研工業就對美式的人際關係敬而遠之。因為他們信奉的是董事長本田的人生哲學，也就是拚搏與挑戰。

# 3 讓員工開心的唯一方法

有句話云：「人不能只為麵包而活。」這句話被某些理論派視作至理名言，並視金錢如糞土。

據聞，這個先入為主的概念，來自於市面上薪資調查的結果，許多員工都回答，薪資不是工作的第一考量。老實說，這個答案還真的是跌破我的眼鏡。

問卷調查原本就是敷衍性質，誰會神經大條到說出心裡話。

美國跟日本一樣，能夠跳槽的大多是專業人士或者主管階級。至於第一線的工人，幾乎不太會跳槽。工人即使薪水微薄，也不敢在薪資調查中如實回答。所以，這些問卷結果看看就好，並不一定反映事實。

連基本的生計都確保不了，誰還有心情搞好人際關係。大家每天起早貪黑的賣命，無非是換一口飯吃，而不是追求日常生活的小確幸。

前幾年，我接了一個諮詢案子。跟董事長聊到一半，剛好有人送來一封研討會的請帖。這位老董看了一眼以後，便撕成兩半丟到垃圾桶。

他跟我說：「我們公司的員工連個像樣的薪資都沒有，哪來的閒錢搞什麼人際關係。每個人關心的都是加薪。我有時間改善人際關係，倒不如將公司的業績做好，讓大家多領一些錢。」

他的一席話，讓我感動不已。

「人不能只為麵包而活。」這樣的場面話，就交給理想主義者歌頌吧！經營者的職責，難道不是讓手底下的人都有美味可口的麵包可吃？

中國春秋時期政治家管子在《管子．牧民》說道：「倉廩實而知禮節，衣食足而知榮辱。」一語道盡何謂人際關係。換句話說，**公司內部和樂的相處來自於薪資**。每一位經營者都應該盡量提高工資，讓員工的荷包永遠笑開懷。**不論是人際關係，還是勞務管理，一切的關鍵都必須從薪資做起**。

我知道有人會出來唱反調，說什麼：「公司有賺錢，大家才能加薪。」可惜的是，這種精神喊話是提不起員工幹勁的。

其中的原由與因應對策，留待下一個章節解開謎題。

第 9 章

# 勞資雙方永遠的攻防，工資

# 1

## 薪資、獎金、紅利，哪個最重要？

接下來是，人力管理相關的議題。

東京都港區有一家螺絲工廠，規模不大，員工也不過三十名上下（基於我與老董多年的交情，以下的內容均為實際數據）。這家工廠可是K董在戰後憑著一己之力，赤手空拳打下的。他為人忠厚老實，不僅深得客戶信賴，員工也很有向心力，流動率也都很低。

不論是品質或勞務管理之類的研習會，員工們總是主動報名、積極參與。因此工廠的營運井井有條，業績蒸蒸日上。

直到一九六〇年，當員工人數達到三十人的時候，工廠的步調突然停了下來。

不管員工怎麼努力，每個月的業績就是突破不了六百萬日圓的瓶頸。而其中的原因如下：

1. 缺乏進一步發展的空間。
2. 勞工市場今非昔比，員工招聘不易。
3. 工資不升反降，越領越少。

事實上，公司經營最怕遇到這種情況，一旦停滯不前，問題便接踵而來。例如員工士氣低下，為了創造附加價值不得不提高工資率。就附加價值來說，當設為一百的時候，不同年度的工資率分別如下（表9-1）：

由此表可知，一旦工資率超過五〇％，工廠就面臨經營危機。他們雖然也有工作獎金，但從工資率居高不下即可證明，

## 表9-1　K董工廠的工資率

| 年分 | 1960 | 1961 | 1962 | 1963 |
|---|---|---|---|---|
| 相對應之工資率 | 37.0 | 48.5 | 48.1 | 50.2 |

獎金完全發揮不了實質效益。

此外，加薪或者年終紅利一樣也不缺，但和其他工廠相比，員工還是士氣低落。更遑論工資不增反降，做得越久，領得越少。

再這樣下去，這家工廠只能坐以待斃。問題是K董也不知如何是好，每天只能哀聲嘆氣。

一九六三年秋天，當地的工會針對小型企業的經營者，舉辦一場研習會。K董對於事業經營向來不遺餘力，因此決定報名參加。而我正好受邀主講，便與他結下不解之緣。

當天的主題是工資分配制度，也就是所謂的拉克計畫（Rucker Plan；由美國經濟學家艾倫．拉克〔Allen Rucker〕）。重點如下：

1. 公正合理的薪資，才能提高員工的士氣與生產力。
2. 所謂公正合理的薪資，應與企業努力的成果，亦即生產價值（附加價值）成正比。

3. 該比例應以世界各國、各業界、業態或公司規模，五十年內之實際薪資為標準。一提到薪資，資方一般傾向壓低人事成本，而勞方則是關切自己能否獲得更多工作報酬，於是造成兩方爭執不下，殊不知薪資結構其實取決於生產價值。不論公司大小，都跳脫不了這項法則。

4. 只有將收益分享計畫（gain sharing plan，一種團隊激勵薪酬計畫；分為斯坎倫計畫、拉克計畫、分享生產率計畫）放在檯面上，就會有所謂的勞資談判。

當天的研習似乎讓K董受益良多。幾經考慮之後，他終於決定採用我所說的克拉計畫，死馬當活馬醫。沒想到這麼一個動心轉念，為他的小工廠迎來一片生機。

K董下定決心以後，便主動與我聯絡，諮詢拉克計畫該怎麼進行。

老實說，當時我並沒有一口答應。因為拉克計畫的前提是勞資雙方必需互信。於是，我便要求K董守公開所有財務資訊。拉克計畫對於日本的企業而言，並非前所未有的理論或概念。過去也有公司試圖引進，只不過隨著業績蒸蒸日上，員工薪資也水漲船高，大老闆們賺了錢，卻不肯掏出來與員工共享，便私底下在分配上動手腳，最後搞得整個公司士氣低迷。這樣的案例比比皆是。關於這一點，K董倒是早有心理準備。

K董根據我提供的分析資料，兩人再三討論後，終於訂定出薪資的給付標準：

1. 薪資的總額為附加價值的四五%。
2. 薪資總額的四分之三用於薪資支付，其餘當作獎金納入公積金（Provident Fund，允許員工在退休時全額退領）。
3. 固定薪資與職務加給以外的餘額，均視為該月的工作獎金。

給付標準決定了以後，接著就是具體方案。經過反覆試算以後，終於拍板定案。一九六四年一月底，K董召集所有員工，親自發表這項薪資規定。K董的為人處事，員工都看在眼裡，他的決定自然有一定的公信力。更重要的是，大家都變得精神抖擻，人人堅守工作崗位。

K董宣布這項重要的決定以後，會計經理接著報告目前的材料供應商有三家，因為其中一家的進價每公斤高出其他兩家四日圓，因此向K董請示，是否要繼續議價，還是乾脆換供應商。

沒想到，到了第二天，有四名業務趁著午休私下討論，說好將一起努力將營業額衝上七百萬日圓，同時分配各自的業績目標。而且，為了不浪費寶貴的工作時間，都是利用午餐時間互相討論。

K董收到他們自主提出的業務計畫時，嚇了一大跳。他當時的目標不過六百五十萬日圓而已。

這些業務還提議，消耗不了的訂單不妨發包給其他工廠處理。往常的話，即便訂單送上門，只要排不出產線，就不關業務的事。

如今，態度卻是一百八十度大轉變。

作業現場的人員也是如此。只要手邊工作告一個段落，不用主管交代也會自動支援其他工位。例如，滾牙機工人如果請假，過去大多會直接停工或是調派人手，所以多多少少都會影響到產能。但，在這個薪資制度發布以後，工廠的效率不僅大幅提升，而且一有人缺席，就會立即遞補人員，以確保產線隨時正常運作。

實施不到兩個半月左右，剛好遇到工廠改建。

原先的廠址是由店鋪改建的，不僅隔間多，到處是梁柱，還年久失修。他們老早就想打掉重建。

問題是沒有地方搬，工廠也不能停擺，更不能得罪大客戶，不然大家都得喝西北風。於是，K董便決定新廠房的施工與生產同時進行。

當時的工廠拆得一乾二淨，工人只能頂著寒風工作，在空蕩蕩的環境下作業。為了不影響施工，生產機械被挪至一旁，埋上十幾個地樁，電線拉一拉便繼續作業。混凝土攪拌機喀拉喀拉的運轉著，焊接的火花在工人頭上漫天飛舞。

地上則是堆滿了施工的建材、螺絲的材料與半成品，連走路的地方都沒有。而且總有三、五臺機器因為無法上線，擱置在那裡。

下雨的時候，還得趕緊拿塑膠布蓋住機器與材料，只能等雨勢停歇下來。當然，改建工程隨之叫停，預定的竣工時程便一拖再拖。雪上加霜的是，老天爺不知道是跟誰過不去，這段時間總是下雨。

兩個月下來，場面雖然混亂，產線照常運作，還沒有人發生工傷。這要換在其他工廠，底下人不炸鍋才怪，肯定會有員工請假偷懶、品質管理下降，或者意外頻傳。然而，K董這裡風平浪靜，幾乎沒有這些現象。

讓人訝異的是，如此惡劣的環境不僅沒有影響產能，甚至讓員工上下一心，兩三下便突破六百萬的業績瓶頸。

接下來的五、六、七等三個月，雖然因為機器的配置與新接的訂單品質出了一些問題，讓業績一度下滑。但在克服一切問題以後，八月起的業績便從未低於七百萬日圓以下。同時，有些工人的產能績效與去年相比竟然倍增。

其他工人受到刺激，紛紛以突破自己的紀錄為目標。不知不覺，在工人之間，也形成了良性競爭。

詳細數據，請參考下頁表9-2。這是該工廠從決定改建到竣工後的業績變化。如表9-2所示，發包費的金額有明顯增加的傾向。不過，那也是因為當時正在改建，業務為了不掉單，便權宜性的將一些冷鍛（Cold Forging，又名冷體積成形，是一種製作工藝、也是一種加工方法）的加工品委外製造。面對如此兵荒馬亂，能夠不增加人力就達成使命，當真令人刮目相看。

## 表9-2 K工廠的業績變化

| 月分 | ①營業額 | ②變動成本 | | | | ③＝①－②附加價值 | 員工人數 | 人均附加價值 |
|---|---|---|---|---|---|---|---|---|
| | | 材料費 | 發包費 | 耗材 | 合計 | | | |
| 1963.12 | 千圓<br>4,690 | 千圓<br>718 | 千圓<br>1,904 | 千圓<br>130 | 千圓<br>2,752 | 千圓<br>1,938 | 人<br>32 | 千圓<br>61 |
| 1964. 1 | 5,320 | 561 | 1,758 | 152 | 2,471 | 2,849 | 32 | 89 |
| 2 | 5,898 | 335 | 2,246 | 151 | 2,732 | 3,166 | 31 | 102 |
| 3 | 6,639 | 184 | 3,125 | 153 | 3,462 | 3,177 | 34 | 93 |
| 4 | 7,043 | 199 | 4,098 | 141 | 4,438 | 2,605 | 34 | 78 |
| 5 | 6,194 | 273 | 4,778 | 134 | 5,185 | 1,009 | 34 | 30 |
| 6 | 6,872 | 725 | 3,975 | 130 | 4,830 | 2,042 | 34 | 60 |
| 7 | 4,615 | 107 | 2,872 | 134 | 3,113 | 1,502 | 34 | 45 |
| 8 | 7,119 | 347 | 3,059 | 174 | 3,542 | 3,576 | 33 | 108 |
| 9 | 8,503 | 562 | 3,300 | 143 | 4,005 | 4,498 | 33 | 136 |
| 10 | 7,899 | 603 | 3,720 | 190 | 4,513 | 3,385 | 33 | 102 |
| 11 | 7,128 | 456 | 3,695 | 206 | 4,358 | 2,769 | 33 | 84 |

注釋：1964年2月起，依工作績效分配。

每個月的工作獎金總額從十五萬日圓，一下子提高二十五萬日圓。七月的年中獎金有兩個月之多，年底更是發了三個月的紅利，讓每位員工笑開懷。前面早就說過，衣食足，才有所謂的人際關係。當公司全體上下荷包滿滿，自然和樂融融，幹勁十足。

K董最近清閒許多，不再像過去三不五時的去工廠勘查。因為工人自動自發，再也不需要他盯著大家上緊發條。

他在欣慰之餘，也不無感嘆：「總算苦盡甘來。換作是一年前，我可是想也不敢想。」

接下來，他將一九六五年的年度營業額提高至一億日圓的大關，據聞訂單已經接到手軟。唯一的問題是如何順利出單。於是，他決定從三個方向著手：

## 1. 採購新型設備

想刷新業績，當然得用最先進的機器（已經部分下單）。

**2. 提高產品品質**

不良率雖然已從一〇%降到五%，但理想應該要低於三%。

**3. 評估個人表現**

過去的評估雖以小組為主，但因為優秀員工變多了，因此個人評比不僅可以作為工作上的激勵，也可以藉此淘汰掉態度不佳的員工。

K董的這三個方向看起來平淡無奇，但當時可是經濟不景氣的一九六四年。這家位於東京一隅的小工廠之所以能夠熬出頭，無非照著拉克計畫一步一步來。

# 2 薪資永遠是勞資衝突的焦點

員工太被動，總是讓讓不少老闆傷透腦筋。

為了提振員工的士氣，他們也是用盡各種招數，例如精神喊話、各種表彰、改善工作環境、鼓勵內部提議，或者研討會的培訓等。可惜的是，這些努力成效究竟有多少，誰也沒有一個準則。

特別是資深員工經常利用加班，為自己變相加薪。這些人手頭即使工作量不多，加班也沒有減少。

相反的，年輕員工則是討厭加班。不管工作有沒有做完，時間一到就準時打卡，有時還會造成出貨延遲。如果被主管多說個兩句，他們不是請假，就是乾脆辭職走人。而內部提議也常常虎頭蛇尾。大家一開始總是躍躍欲試，後來便漸漸提不起勁，而淪為有名無實。

不管老闆再怎麼強烈呼籲，產品的不良率始終居高不下。要主管多加把勁，對方卻有一肚子的苦水，抱怨部屬太菜、工作量太大，或是設備陳舊。

然後，把材料與消耗品當成取之不盡、用之不竭的資源，大家都不知道節省。而基層幹部則是老把人手不足當作藉口，從來不肯多花一點心思，思考如何提高工作效率。於是，事務部門的員工越聘越多，導致公司支付許多不必要的人事成本與經費。

要求大家杜絕浪費，背地裡就被罵小氣鬼。這些叫也叫不動的員工，總是讓經營者精疲力盡。

那些頭頭是道的人際關係理論、組織論或責任權限論，此時都派不上用場。祭出升遷或薪資加給也沒有用，因為這些都不是真正的問題。員工之所以叫不動，是因為他們從沒搞懂，工作其實只是為了自己。

本田也說過：「員工上班賺錢，當然是為了改善自己的生計。」當我們不知道為何要努力的時候，誰還願意賣命？原因就是這麼簡單。而勞工之所以能團結起來與資方對抗，就是因為他們非常清楚自己為何而工作。

對於勞工而言，薪資是他們關切的重點。換句話說，只要訂定出一套績效導向的薪資制度，同時符合公司的經營利潤，一切問題便迎刃而解。

這就是拉克所謂的收益分享計畫。

例如，前面提到那家K董經營的小工廠，員工之所以人人幹勁十足，因為他們知道，一切努力都是為了自己的緣故。

在說明拉克計畫以前，讓我們先來看看傳統薪資結構的問題出在何處，以便釐清兩者的差異。

薪資永遠是勞資衝突的焦點。對我來說，「春鬥」[41]是每年的例行事務。只有把工資談攏，大家才有心思賞櫻。勞工工會的幹部如果爭取不到半點薪資福利，下一

[41] 日本每年春季二月左右所舉行，勞工為了提高薪資與改善工作條件而發動的勞工運動；相當於臺灣的秋鬥遊行。

屆就會被淘汰。

## 把薪資當支出，難怪公司不賺錢

企業習慣將薪資視作支出，不少經營者堅信必須穩定經營、刺激業績、節省成本，因此想方設法的壓低員工的薪資。

或許我的說法會讓有些老闆聽不下去。

然而，我還是得持平的說，這種想法完全是資方立場。薪資對於企業而言，確實是一筆支出。然而，對於勞工而言，卻是生活的基本保障。

薪資既是公司的費用，也是員工生活的基本保障，當雙方意見不合時，為了保護自己的權益，當然會形成勞資對立衝突。

接下來，讓我們一窺工資論的傳統論述。

### 1. 邊際生產力論（Theory of Marginal Productive）

「工資為勞動的需求價格，隨供需關係而變動。」

然而，工資真的只是勞動的需求價格嗎？當然不是。關於這一點，留待下一節說明。總而言之，這種概念是勞資雙方對立的最大原因（按：邊際生產力是由十九世紀末美國經濟學家約翰．貝茨．克拉克〔John Bates Clark〕所提出的術語，指在其他條件不變的前提下，每增加一個單位要素投入所增加的產量）。

### 2. 勞動價值論（Labor theory of value）

「工資代表勞動的價值，亦即獎勵勞工透過工作賺取生活費。」

這種說法真的是愚不可及。如此一來，光是為了生活費的計算標準，雙方就可以吵成一團。更何況為了節省力氣，誰不希望錢多事少（按：勞動決定價值，最初由英國經濟學家威廉．配第〔William Petty〕提出，他認為價值由社會必要勞動時間決定）。

### 3. 剩餘價值論（Theory of Surplus Value）

「工資為勞動的需求價格，隨供需關係而變動。當公司賺錢了以後，就有錢添購設備。於是機器取代人工，降低勞力需求。勞力需求一旦供過於求，公司便調降工資。工資一調降，資本家就越賺越多，再將賺來的錢添購更多設備，於是工資一降再降。資本家便是如此反覆壓榨勞工，最後導致資本主義瓦解。」

這個說法的前提是，機器取代的人工必須大於勞力的需求。然而，現實並非如此。這種思維正是激化勞資雙方衝突的最佳證明。（按：「剩餘價值」是指，資本家雇用勞工為其工作，銷售並扣除支付工人最低維生工資之後，商品所剩餘下來的餘額；猶太裔德國經濟學家在卡爾．馬克斯（Karl Marx）認為，由於工業革命後，資本家以機器替代人工，勞資雙方處於不平等的地位，資方拚命削減工資以維持其利潤之比率，全為資本家所獨吞。）

以上的薪資論，與先前提到的經營鐵則，就是造成勞資永遠對立的主因。

如此想來，還真令人不勝唏噓。因為，吃著同一鍋飯的夥伴，只因為立場不同，就得爭得你死我活。

然而，勞資雙方當真誓不兩立，背負著衝突的宿命嗎？當然不是。不過，唯有智者才會思考如何讓勞資和平相處，創造雙贏的局面。

話說回來，還真的有這麼一位獨排眾議的智者，想出一套解決對策。他就是美國經濟學家艾倫．拉克。

# 3

# 問題不在多寡，而是分配

將工資視為勞動的價值，是一種根本性的錯誤。事實上，老闆之所以支付薪資，不是因為員工每天正常上下班。例如，做銷售的人常說：「顧客不是因為商品而付錢。」顧客之所以願意掏錢，並不是為了商品本身，而是看中商品具備的功能（功用）。就好比買車，吸引我們的是速度、省時、舒適或者身分的象徵，也就是說顧客買的是功用。

勞動也是同樣的道理。公司花錢請人，要的是員工帶來的功用。不先釐清這個基本概念，工資論就會完全走調。

那麼，勞動能為公司帶來什麼功用？

功用可大了，那就是附加價值。

有人會問，附加價值與工資又有什麼關係？說起來多虧拉克，不然我們還真的不知道兩者有什麼關係。

拉克為了釐清這個問題，花了三年的時間，調查一八九九年到一九二九年整整三十個年份的工業統計。結果發現：

企業支付的工資總額與生產價值（即附加價值）成正比。雖然產能、淨利與銷售總額也不無影響，卻不至於上下變動。

之後的調查也證實這個定律，請參閱下頁表9-3。因為其中經歷了兩次世界大戰，更別說經濟快速發展、物價翻騰、科技日新月異、基礎建設到處都是。一九二九年的經濟大蕭條[42]（Great Depression），與第三次工業革命（The Third Industrial Revolution）的自動化也在這一段時期如火如荼的進行。二十世紀初期到中

[42] 指一九二九年至一九九三年，開始於美國，並波及至整個資本主義世界的經濟危機，其中包括美國、英國、法國、德國和日本等國家。

## 表9-3 拉克的收益分享計畫之實證

（參照1914～1957：美國工業統計）

（單位：10億美元）

| 年分 | 生產價值 | 工資總額 | 工資分配率 |
| --- | --- | --- | --- |
| 1914 | 9,386 | 3,782 | 40.29（%） |
| 1919 | 23,842 | 9,664 | 40.53 |
| 1921 | 17,253 | 7,451 | 43.19 |
| 1923 | 24,569 | 10,149 | 41.31 |
| 1925 | 25,668 | 9,980 | 38.88 |
| 1927 | 26,325 | 10,099 | 38.36 |
| 1927 | 28,719 | 10,885 | 37.90 |
| 1931 | 17,462 | 6,689 | 38.31 |
| 1933 | 13,150 | 4,940 | 37.57 |
| 1935 | 18,553 | 7,311 | 39.41 |
| 1937 | 25,177 | 10,113 | 40.17 |
| 1939 | 24,484 | 8,999 | 36.75 |
| 1947 | 76,175 | 30,242 | 39.70 |
| | 1914年～1947年 | 平均分配率 | 39.395% |
| | | 標準差 | ±1.669% |
| | | 相關係數 | 0.996 |
| 1949 | 75,367 | 30,254 | 40.14 |
| 1950 | 90,071 | 34,600 | 30.41 |
| 1951 | 104,810 | 40,655 | 38.79 |
| 1952 | 109,354 | 43,764 | 40.02 |
| 1953 | 123,530 | 48,979 | 39.65 |
| 1954 | 113,612 | 44,631 | 39.28 |
| 1955 | 133,210 | 53,120 | 39.88 |
| 1956 | 143,710 | 55,070 | 39.02 |
| 1957 | 145,990 | 57,240 | 39.21 |

注釋：1941～1945年為第二次世界大戰（摘自《企管》雜誌 Vol.20 No.4, 1961 p.10）。

期，世界快速變化，但是工資與生產價值的比例竟然始終如一。

或許有人會想這不過是美國的個例。不論哪一個國家、什麼行業、業態或規模，即便工資分配率各自不同，但工資與附加價值成正比是不爭的事實。當然，日本也不例外（請參閱下頁表9-4至表9-6）。

我因為工作需要，調查過不少公司的工資率，因而發現這個定律的嚴謹性。只不過，每家公司之間會有三%的差異。

然而，大家卻忽略了世上還有這麼一個了不起的定律。以至於公司一味的壓低員工的薪資，而員工為了捍衛自己的薪資，全力與資方抗爭。然而，勞資雙方鬥了這麼久，也改變不了薪資與生產價值有關的事實。

歷史足以證明，拉克的工資定律超越社會型態的變遷，與人類進步的軌跡。

我們甚至可以說，拉克的工資定律簡直就是經濟學鼻祖亞當．斯密（Adam Smith）在《國富論》（*The Wealth of Nation*），提到的「一隻看不見的手[43]」（An

---

[43] 指的是市場機能（Market Mechanism）；主張自由放任，反對政府干預經濟。

## 表9-4 日銀統計資料（節錄）

（生產附加價值沿用附加價值額，人工成本則以人事費用計之）

（單位：百萬日圓）

| 年 | 製造業 | | 機械製造業 | | 電子機械器具製造業 | |
|---|---|---|---|---|---|---|
| | x 生產附加價值 | y 人工成本 | x 生產附加價值 | y 人工成本 | x 生產附加價值 | y 人工成本 |
| 1957／上 | 508,405 | 230,299 | 15,414 | 8,198 | 47,645 | 23,609 |
| 1957／下 | 495,141 | 230,915 | 15,962 | 8,100 | 54,278 | 25,549 |
| 1958／上 | 486,533 | 229,542 | 15,071 | 7,667 | 58,448 | 26,487 |
| 1958／下 | 507,714 | 232,687 | 15,181 | 7,782 | 64,547 | 28,496 |
| 1959／上 | 584,767 | 258,695 | 17,431 | 8,898 | 74,755 | 32,398 |
| 1959／下 | 684,433 | 279,014 | 20,784 | 10,086 | 87,508 | 35,751 |
| 1960／上 | 766,100 | 305,001 | 26,118 | 11,733 | 101,721 | 40,946 |
| 1960／下 | 842,460 | 330,678 | 32,836 | 13,698 | 114,630 | 44,500 |
| 1961／上 | 944,259 | 371,827 | 39,094 | 15,788 | 133,924 | 52,206 |
| 1961／下 | 1,036,209 | 401,025 | 41,575 | 16,931 | 150,309 | 57,096 |
| 1962／上 | 1,036,209 | 422,211 | 42,421 | 17,341 | 162,605 | 64,052 |
| 1962／下 | 1,059,309 | 429,231 | 40,017 | 16,957 | 161,049 | 62,940 |
| 相關係數 | $r = 0.9935$ | | $r = 0.9980$ | | $r = 0.9982$ | |
| 迴歸分析（單位：10億日圓） | $y = 0.9935x + 56.1$ | | $y = 0.3432x + 2.67$ | | $y = 0.3459x + 6.21$ | |
| 分配比例的標準差 | $\sigma = 0.01237$ | | $\sigma = 0.00679$ | | $\sigma = 0.00662$ | |

＊ 目前較常使用為勞動分配率。

＊ 勞動分配率：企業人工成本占企業增加值的比重，增值是由折舊、稅收淨額、企業利潤、勞動者收入等四部分組成。

＊ 其計算公式為：勞動分配率＝一定時期內人工成本總額 ÷ 同期增加值總額 × 100%。

## 表9-5 大藏省（經濟部）法人企業統計（節錄）

**附加價值＝（營業額×附加價值率）＋折舊**
**人工成本＝員工薪資＋福利**

（單位：百萬日圓）

| 年 | 製造業 | | 化工業 | | 鋼鐵業 | |
|---|---|---|---|---|---|---|
| | x<br>生產<br>附加價值 | y<br>人工<br>成本 | x<br>生產<br>附加價值 | y<br>人工<br>成本 | x<br>生產<br>附加價值 | y<br>人工<br>成本 |
| 1950 | 562.6 | 289.5 | | | | |
| 1951 | 907.6 | 356.6 | | | | |
| 1952 | 1,063.7 | 512.8 | | | | |
| 1953 | 1,349.6 | 630.2 | 160,528 | 72,912 | 107,534 | 63,102 |
| 1954 | 1,667.8 | 755.3 | 175,570 | 82,910 | 133,566 | 76,972 |
| 1955 | 1,708.9 | 786.8 | 205,642 | 89,928 | 138,158 | 80,860 |
| 1956 | 2,017.9 | 908.5 | 275,797 | 119,204 | 189,281 | 92,528 |
| 1957 | 2,811.8 | 1,227.6 | 313,988 | 139,495 | 312,757 | 135,105 |
| 1958 | 2,851.5 | 1,314.2 | 307,932 | 136,996 | 242,643 | 127,726 |
| 1959 | 3,255.7 | 1,434.0 | 376,266 | 154,996 | 285,587 | 143,256 |
| 1960 | 4,379.9 | 1.922.4 | 485,758 | 186,928 | 425,119 | 185,465 |
| 1961 | 4,976.7 | 2,057.4 | 554,259 | 214,884 | 531,236 | 228,802 |
| 相關係數 | r＝0.9974 | | r＝0.9995 | | r＝0.9934 | |
| 迴歸分析（單位：10億日圓） | y＝0.4174x＋57.76 | | y＝0.3458x＋24.15 | | y＝0.3806x＋25.92 | |
| 分配比例的標準差 | σ ＝±0.00947 | | σ ＝±0.01266 | | σ ＝±0.01658 | |

## 表 9-6　拉克的工資定律在日本的應用實態

（摘自通產省工業統計表，所有製造業之總計）

（單位：百萬日圓）

| 年度 | 生產價值（附加價值粗估） | 工資總額 | 工資分配率 % |
|---|---|---|---|
| 1951 | 1,178,988 | 464,169 | 39.62（%） |
| 1952 | 1,300,008 | 577,195 | 42.86 |
| 1953 | 1,688,402 | 667,322 | 39.57 |
| 1954 | 1,895,597 | 745,415 | 39.32 |
| 1955 | 2,098,597 | 791,982 | 37.74 |
| 1956 | 2,543,668 | 940,424 | 36.97 |
| 1957 | 2,952,220 | 1,120,174 | 37.94 |
| 1958 | 3,174,836 | 1,171,366 | 36.89 |
| 平　均 | | | 38.86% |
| | | 標準差 | 1.91% |
| | | 相關係數 | 0.997 |

＊ 此處的工資包含月薪、福利。

invisible hand）。我們只要依著定律照做即可。

我們更應該將這個定律的精髓發揮到極致，營造民富國強的富庶社會。只要有心，事情必定會有轉機。因為，勞資本來就是一體兩面。

勞資雙贏才是我們的終極目標與使命。對於工資論而言，拉克的定律甚至是史無前例的革命。話說回來，這個定律真的如此神奇嗎？

理由很簡單，因為勞資雙方根據附加價值，按照一定比例各取所需，因此雙方就無須為此陷入爭論。此外，為了自身的利益，大家必定不遺餘力的提高附加價值。當附加價值成為勞資雙方的共識，利害關係當然一致。

既然目標一致，勞資雙方只需攜手合作，提高附加價值即可。如此一來，同心協力與相互信任的模式便隱然形成。

資方與勞方之所以喬不攏，無非是附加價值的分配比例。如果問題的癥結點是分配比例的話，那麼再怎麼抗爭也改變不了事實。倒不如將這些精力用來提高附加價值，還來得實際。這麼簡單的道理，一大堆工會還反向操作，捨近求遠。

所謂的拉克計畫，指的是根據工資定律，依照附加價值決定分配比例，但在日本卻僅被翻譯成「成果分配方式」（按：中譯為收益分享計畫）。然而，拉克計畫的分配與利潤成果無關，指的是附加價值，希望各位讀者加以注意。

除此之外，拉克計畫再怎麼厲害，也需要萬全的準備，貿然推動可能會失敗。就好比汽車當然方便，如果不注意交通安全，甚至有生命之虞。拉克計畫並非一蹴而得，必須事前調查，有萬全準備，甚至規畫出宣導期。實施前不妨諮詢專家的意見，或參考其他公司的實務經驗，以免功虧一簣。

## 4 化解勞資鬥爭的萬靈丹：拉克計畫

拉克計畫簡直是勞資鬥爭的萬靈丹，只要附加價值分配得當，公司上下就能同心協力的往前衝。話說回來，怎麼做才能提高附加價值？關於這個問題，拉克也提供了一套計算公式。

營業額－變動成本＝附加價值。

附加價值率的公式為：附加價值÷營業額×一〇〇％。

這個公式非常簡單，就是A－B＝C。換句話說，就是提高A（營業額）、降低B（變動成本）即可。具體做法如下：

### 1. 提高營業額

營業額來自於〔單價〕×〔數量〕。提高單價的重點，在於提高產品品質、價格交涉。而增加數量，則是提高產能，例如引進新型設備、改善作業流程或者提高勞動力參與率等。

### 2. 降低變動成本

首先，研發變動成本較低，附加價值較高的商品，或者爭取類似訂單。其次，壓低材料的進價，提高收益率或者加強廢棄物再利用。

只要掌握這兩大重點，就可以擴大附加價值。而工資與附加價值成一定比例，工資的總額就會是固定的。

工資總額既然是固定的，分一杯羹的人當然越少越好。於是，精英部隊自然而然形成。大家盡可能壓縮工時，創造附加價值。效率提高以後，當然無須沒日沒夜的加班。而且員工為了自身權益，也會主動提議各種改善方案。員工之所以能自動自發，是因為他們知道一切努力都是為了自己。

過去的獎金制度總以績效或產能為導向，所以公司往往只注重銷售與工人的績效。換句話說，一份大訂單、便宜的進價或者提高成品率（按：成品對原料的比率），這些努力都與加薪無關。唯有提高產能，公司才會發放獎金，以資鼓勵。但與此同時，也會造成材料、工具、消耗品的浪費。如此一來，高層只好將時間浪費在管控材料上。這就是傳統做法的惡性循環。

老實說，許多員工對於獎金發放制度存有很大的疑慮，因此才會搞得問題叢生，且效果不如預期。

如果採用拉克計畫的話，就不會有這些問題。員工的任何努力都將回饋於工資，連帶著提升公司整體的業績。唯有目標明確，員工才會勤奮賣力，因為每個人都是為了自己而工作。

拉克計畫除了是一個了不起工資制度，對於企業經營更能發揮極大的功效。

接下來，再舉一個案例，驗證拉克計畫的成果。

T工廠自從實施拉克計畫以後，產能不僅大大提高，第二個月起，員工的加班時數從每天兩小時降低到一小時。加班時數雖然少了一半，但只要提高附加價值，大家就有錢拿，倒也沒有人唱反調。六個月以後，獎金由一個月提高到一個半月，公司還誇下海口，下一季的獎金目標是兩個月。自此以後，整個工廠像是換了個樣，大家變得積極開朗，也不再有人動不動就請假。

執行董事欣慰的說：「先不論拉克計畫帶來的成效。光是每個月的業績，就像是吃了一顆定心丸。以前因為每天太忙，根本沒有時間看每個月的業績報表。就算想看，手邊也沒有資料。所以，等到我發現的時候，往往為時已晚，才知道拉克計畫對我們的幫助有多大。」

T工廠每個月會固定提撥獎勵金給員工，一旦業績不佳，大家就沒有獎金可拿，因此讓員工養成立即檢討的習慣，主動找出問題點。

對於這位專務來說，這樣的轉變不僅讓兩個月的獎金已經達標，他還希望藉此引進新型機器，擴大工廠的規模，讓作業員挑戰另一個層次的技術水平與精準性。

不論是K工廠還是T工廠，過去只知道盯著業績，根據營業額評估業績的好壞。實施拉克計畫以後，才懂得檢討損益平衡點，作為每個月的業績參考。透過附加價值的追蹤，業績一目瞭然，只要是上升趨勢，經營者當然信心滿滿。

過去的他們總是得過且過，對於業績不抱任何希望。但這些已成為過去式，因為經營者已經知道如何訂定具體目標，並帶領公司成長茁壯。這就是K工廠之所以雄心壯志的將一億日圓視為年度目標，而T工廠則以發放兩個月的獎金激勵自己。

前面說過：「一旦缺乏經營方針，就談不上經營。」這樣的道理人人都懂，但對於小型企業來說，卻頗有難度。因為他們不知道如何訂定具體目標，即使訂定了，也不過就是走一個流程。這就是小型企業無法做大的原因之一。

然而，拉克計畫卻能讓一切步上軌道，加強經營者的信心，以及目標設定。而且，因為這些目標都很具體務實，所以員工也能很快跟上腳步。

當一家公司因為某些契機，得以提振業績以後，接下來就是良性循環，怎麼做怎麼順利。而掌握契機的關鍵，就在於實施拉克計畫。

# 5 員工是資產，不是成本

拉克計畫的最大特色，就是以人性為出發點。換句話說，就是顛覆勞動等於工資、工資等於成本之一的傳統概念。

拉克說過：「所謂酬勞，是資方基於人際關係的道德或倫理法則，所提供的經濟條件。換言之，始終如一的承諾與酬勞的激勵，才能確保公司的效益。」

這個概念才是員工管理的基本。凡是不關心員工生計的理論都是紙上談兵。

我個人相信拉克的工資制度，必定能在日本推廣與普及。不論企業規模、業界或業態形式與薪資制度如何，套用在任何公司身上幾乎都不成問題。

當然，也有人主張拉克計畫與日本的中小企業水土不服，然而實事求是，我與其他同行都確信，這些論調無非是杞人憂天，小看日本企業的應變能力。

比起公司的規模、業界或業態的形式，關鍵還是在於經營者的誠意與決心，與周全的事前準備。只要掌握這項重點，拉克計畫其實並不曲高和寡。

企業靠的是人，也就是眾志成城的意志力。拉克最大的貢獻就是讓我們知道，唯有以人為尊、以人為本，才能讓員工堅守崗位、盡心盡力。

每一位經營者都應該將拉克計畫視為法寶，藉此消弭勞資雙方的利益衝突，同心協力的為提高產能各盡己力。扛起身為大家長的責任，以員工的幸福為念，讓公司飛得更高、走得更遠。同時不忘善盡企業責任，回饋社會與鄉里。

# 後記 他是一位管理者，也是一位父親

柴田敏子（長女）

一九五〇年代的日本，看不到生鮮超市。小學時期的我總是與父親拿著紅色的小籃子，去掛著燈泡的菜販或魚販攤採買。

到了年底，我們家的醬菜缸絕對少不了醃漬的大白菜。放滿大蒜與辣椒的醬菜來自父親的親傳，也是我引以為傲的私房菜。

我們家的年節採購由父親擔當，他總是大包小包的拎回家。我最喜歡的伊達卷（按：甜味蛋捲，是日本過年常見的年菜），他總會多帶一條，然後朝我擠眉弄眼的偷笑。

在那個經濟蕭條的年代，不少窮學生來我們家賣一些雜物換取零用錢。不管我們家用不用得上，父親不僅照單全收，還總是多付一些，為他們加油打氣。不過，他凶起來也挺嚇人。只要忘記收拾書桌，他便一股腦兒將課本往院子裡扔。即便是三更半夜，也叫我們赤著腳將課本撿回來。而且，罵人的聲量簡直可以將屋頂掀翻了。

父親面冷心善，就是那種不擅長表達情緒的老派作風。不過，只要我們高興，他就開心。

有一次，他胸前別了一大堆紅色羽毛回家。一問之下，才知道父親遇到紅羽毛基金的募款。每個志工的募款箱他都捐款，於是拿到一堆紅羽毛。

父親就是這樣，只要是樂捐，總是不遺餘力。每每看到家中的感謝狀，總是想起他笑著說：「每個人都應該為社會盡一份心力啊！」同時心中湧起莫名的驕傲。

對於那些見識過父親嚴厲作風的大老闆們，能夠說出「鬼倉」或者「凡倉」這樣的暱稱，肯定熟知父親溫煦和藹的一面。

父親的種種如同跑馬燈般，在腦海中跑個不停。

對於我而言，他就像春天的狂瀾，時而和煦、時而逼得人喘不過氣。

某家公司在發表經營計畫的時候，董事長致詞表示：「我們之所以有今天，一倉老師功不可沒。」當時父親回說：「承蒙董事長過獎。不過，今天的一切絕對是大家努力的結果。我若有幸沾上一點邊的話，也不過是百分之零點零一罷了。」

國家圖書館出版品預行編目（CIP）資料

對管理發起挑戰：傳統管理無能為力，日本管理教父幫助一萬多家企業扭虧為盈的震撼教育。／一倉 定著；黃雅慧譯.
-- 初版. -- 臺北市：大是文化有限公司, 2022.01
368 頁；14.8×21 公分. --（Biz；377）
譯自：マネジメントへの挑戦 復刻版
ISBN 978-986-0742-90-9（平裝）

1. 企業管理

494 110013457

Biz 377

# 對管理發起挑戰

## 傳統管理無能為力，
## 日本管理教父幫助一萬多家企業扭虧為盈的震撼教育。

作　　　者／一倉 定
譯　　　者／黃雅慧
責任編輯／黃凱琪
校對編輯／連珮祺
美術編輯／林彥君
副總編輯／顏惠君
總　編　輯／吳依瑋
發　行　人／徐仲秋
會　　　計／許鳳雪
版權專員／劉宗德
版權經理／郝麗珍
行銷企劃／徐千晴
業務助理／李秀蕙
業務專員／馬絮盈、留婉茹
業務經理／林裕安
總　經　理／陳絜吾

出　版　者／大是文化有限公司
臺北市100衡陽路7號8樓
編輯部電話：（02）23757911
讀者服務／購書相關資訊請洽：（02）23757911　分機122
24小時讀者服務傳真：（02）23756999
讀者服務E-mail：haom@ms28.hinet.net
郵政劃撥帳號：19983366　　戶名：大是文化有限公司

法律顧問／永然聯合法律事務所
香港發行／豐達出版發行有限公司
Rich Publishing & Distribution Ltd
香港柴灣永泰道70號柴灣工業城第2期1805室
Unit 1805, Ph. 2, Chai Wan Ind City, 70 Wing Tai Rd, Chai Wan, Hong Kong
電話：21726513　　傳真：21724355
E-mail：cary@subseasy.com.hk

封面設計／季曉彤
內頁排版／黃淑華
印　　　刷／緯峰印刷股份有限公司

出版日期／2022年1月初版
定　　價／新臺幣420元
ISBN／978-986-0742-90-9
電子書ISBN／9786267041321（PDF）
9786267041338（EPUB）

Printed in Taiwan
（缺頁或裝訂錯誤的書，請寄回更換）